本书为国家自然科学基金青年项目（编号：71704108）
"城镇化老人心理健康的社区环境影响因素评估及优化研究：基于'撤村建居'的实践"的研究成果。

U0654510

城镇化下中国农村社区老人
精神健康的影响因素研究

杨 帆 著

上海交通大学出版社
SHANGHAI JIAO TONG UNIVERSITY PRESS

内容提要

本书基于城镇化的背景,从个体生命历程、家庭变迁和社区环境重构等方面探讨了影响农村社区老人精神健康的社会因素以及可行的优化改善途径。本书梳理了可用于分析城镇化与老年精神健康的关系的相关理论。在此基础上,使用"中国健康与养老追踪调查"数据对理论进行了分析和检验。同时,书中介绍了一些国内外较为成功的提升社区老人精神健康水平的干预政策案例,并基于实证和案例分析的结果,为我国发展"以人为本"的城镇化,从而创造更好的农村老龄化环境提出了相关建议。

图书在版编目(CIP)数据

城镇化下中国农村社区老人精神健康的影响因素研究 / 杨帆
著. 一上海:上海交通大学出版社,2019
ISBN 978 - 7 - 313 - 21777 - 6

Ⅰ.①城… Ⅱ.①杨… Ⅲ.①农村社区-老年人-心理保健-
影响因素-研究-中国 Ⅳ.①B844.4 ②R161.7

中国版本图书馆 CIP 数据核字(2019)第 173073 号

城镇化下中国农村社区老人精神健康的影响因素研究

著　　者:杨　帆　　　　　　　　　副 主 编:徐彦冰
出版发行:上海交通大学出版社　　　地　　址:上海市番禺路 951 号
邮政编码:200030　　　　　　　　　电　　话:021 - 64071208
印　　刷:常熟市文化印刷有限公司　经　　销:全国新华书店
开　　本:710mm×1000mm　1/16　印　　张:11
字　　数:175 千字
版　　次:2019 年 9 月第 1 版　　　　印　　次:2019 年 9 月第 1 次印刷
书　　号:ISBN 978 - 7 - 313 - 21777 - 6/B
定　　价:68.00 元

前　言

　　习近平新时代中国特色社会主义思想明确指出要牢固树立"社会政策要托底"的民生治理理念。在我国当前人口结构背景下,如何让社会政策托住亿万老年人口的"底",既关系到每个家庭和社会成员的福祉,也关系到国家的社会经济发展。关于这个重要议题,学界目前达成的共识包括:我国老年人口基数大、老龄化速度快、"未富先老"、高龄化程度不断加深。这些现实情况往往被问题化,并成为各界推动老年人健康、就业、社会参与、生活质量保障等社会政策的主要动因。

　　尤其值得关注的是城镇化对我国人口老龄化的影响机制。20 世纪 90 年代初确立社会主义市场经济基本原则后,我国城镇化步入快车道,城镇化率迅速从 1990 年的不足 30% 提升至 2018 年的 59.58%。未来三十年间,预计我国城镇化率将进一步提升至 90% 左右,与西方发达国家的城镇化水平相当。在这一阶段,我国人口老龄化也将同步到达顶峰水平。也就是说,我国的人口老龄化和城镇化将在时间和空间上共存。那么,城镇化作为一个包含着人口大规模流动、社会成员身份转变、家庭居住安排变动、社区结构重组等复杂图景的社会机制,将对中国不断老化的人口产生怎样的影响呢? 换言之,它将建构抑或是解构老龄化问题? 它将对一系列老龄化问题的解决产生积极还是消极的影响? 要回答这些问题,学界需要科学可靠的实证数据作为支撑,并将更多的政策关注点引向最为脆弱的社会群体。

　　在城镇化浪潮中,农村老年人口无疑是受影响最深的群体。首先,城镇化导致的农村青壮年大规模外流,使得我国农村地区的老龄化程度较之城市地区更高。其次,城镇化还通过加大代际间的物理距离和抽离照护资源,削弱了农村老年人的社会支持网络。再次,由城镇化带来的社区社会经济结构改变、劳动习惯改变,甚至是消费文化转变等,都会放大农村老年人的生理和心理弱势,降低他们的生活福祉。但与此同时,我们不应将城镇化对农村老年人的影响过度"问题化"。不可否认的是,由于子女在城市地区获得了更好的就业机会,农村老年人的经济能力在总体上得到了加强;随着城镇化的推进,农村老年人在住房和社会福利方面也能得到更为完善的保障;在社区重组过程中,农村老年人也能通过结成新的社区共同体而获得更多的心理和社会资源。总而言之,通过"问题化"这一个面向去考察城镇化对老龄化的影响并不可取。

同时值得注意的是,现有研究通常对老年人的物质生活和体质健康关注较多,而对他们的精神和情绪健康的关注还比较少,这尤其体现在农村老年人的研究中。导致这一缺陷的原因大致有两点:一是,研究者对农村老年人养老需求的定位还比较低,加之农村客观物质条件所限,使得相关研究很大程度上忽视了老人们的精神健康需求;二是,我国城镇化的工具理性导向容易导致政府政策的关注点更多集中在区域经济发展上,即使是民生工作也倾向于停留在物质关怀层面,而较少触及精神关怀层面。因此,在研究我国老龄化与城镇化的关系时,需要反思的根本问题是:"我们该怎样定义受城镇化影响的农村老年人的养老需求?",以及"我们的城镇化该怎样对待这些农村老年人的需求?"

2014年,中共中央和国务院印发了《国家新型城镇化规划(2014—2020年)》,这份纲领性文件的核心要求是建设"以人为本的城镇化"。而打造切实关照农村老年人需求的城镇化则是落实这一目标的题中之义。同时,让城镇化的过程不仅有利于农村老年人的物质生活,还有利于他们的精神健康则是在更高层次上实现这一目标的体现。

基于这些思考,本书确立了"城镇化对农村社区老人精神健康的影响"这一研究主题,并通过社会生态视角来构建研究的理论框架。本书主要借助了"中国健康与养老追踪调查"数据来进行实证分析。该数据库由北京大学国家发展研究院的研究团队建立,它是基于全国性的跟踪调查,不仅样本规模大、覆盖内容全面、时间跨度长,而且调查数据及时开放,可免费获取。这些条件极大地促进了本研究的开展。除实证数据分析外,本书还归纳总结了国际上促进社区老年人精神健康的先进经验,以及国内已有的颇具成效的实践性探索,目的是促进国内城镇化政策朝着对老年人更友好的方向发展。

感谢来自国家自然科学基金青年项目以及上海交通大学国际与公共事务学院出版资助基金的支持,使我得以将研究成果出版;感谢上海交通大学出版社的编辑为出版本书付出的辛勤劳动。

杨　帆

2019 年 7 月 24 日

目　录

第一章 导 论

一、中国的老龄化与城镇化

在未来数十年中,老龄化与城镇化是影响中国经济和社会发展的两大基本人口发展趋势。两大趋势将极大地型塑中国未来的面貌,而两者的交织将影响每位国人,尤其是老年人的生活和身心健康状态。

一方面,我国人口正处在快速老龄化的阶段。根据国家统计局的人口普查数据,1999 年,我国 60 周岁及以上人口的占比首次超过 10%,正式进入人口老龄化。2005 年,我国老年人口达到 1.44 亿,占总人口比例为 11.03%。根据2010 年第六次人口普查的数据,我国老年人口进一步增至 1.78 亿,占总人口比例 13.26%,是全球唯一一个老年人口超过 1 亿的国家。而根据 2019 年国家统计局最新的数据,截至 2018 年底,我国共有 2.49 亿老年人口,占总人口比升至 17.9%。另外,根据国家老龄委的预测,我国老年人口将在本世纪中叶达到顶峰,超过 4 亿人,占总人口比例约 1/3。

值得关注的是,在人口快速老龄化的过程中,农村地区的老龄化速度较之城镇地区更快。尽管自 20 世纪 90 年代以来我国农村人口在总人口中的占比持续下降,从超过 70% 下降到目前的不足 50%,但是农村老年人口在全国老年人口中的占比却在提高。根据国家统计局 2010 年的数据,全国 68.2% 的老年人生活在农村地区,农村和城镇地区的老龄化比例分别为 15.0% 和 11.7%。由于大量青壮年劳动人口从农村涌入城市,在 2040 年之前,农村地区与城镇地区的老龄化程度的差异都将持续扩大(见图 1-1)。

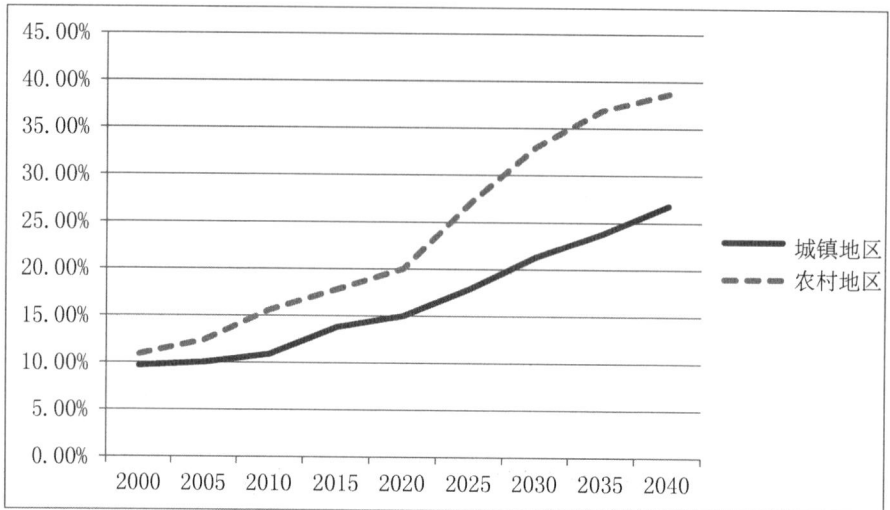

图 1 - 1 中国农村与城镇地区的老龄化趋势(2000—2040)

(引自李本公主编《中国人口老龄化发展趋势百年预测》)

另一方面,伴随人口老龄化的过程,中国同时在经历波澜壮阔的城镇化。当代中国的城镇化肇始于 20 世纪 70 年代末,即国家开始实施改革开放战略之时。根据国家统计局的数据,1978—1995 年间为我国城镇化的稳步发展期,城镇化率(即城镇常住人口占总人口比例)年均提升 0.64 个百分点。在此之后,我国的城镇化开始加速,在 1996—2012 年间,城镇化率年均提升 1.39 个百分点。截至 2018 年底,我国拥有 8.31 亿城镇人口,占总人口比例为 59.58%。根据《国家新型城镇化规划(2014—2020)》的要求,我国城镇化率将在 2020 年超过 60%,在本世纪中叶超过 80%。

这一人口变动趋势是我国改革开放四十年来社会经济体制发生重大转型的反映,也成就了举世瞩目的经济发展奇迹。在计划经济向市场经济转型的过程中,农村联产承包责任制、户籍制度松动、工业化等因素解放了农村劳动人口,促使大量农村剩余劳动力涌向城市寻求更好的就业和发展机会,也为他们的流动和迁移创造了条件。根据国家农业与农村部公布的数据,2018 年第一季度,全国农村外出务工劳动力已经超过 1.74 亿人。在许多农村地区,青壮年劳动力几乎全部成为城市流动人口,这影响了劳动者作为养老义务承担者的角色,家庭赡养和对老人的生活照料功能随之被削弱。第五次全国人口普查结果显示,我国有 65 周岁及以上老年空巢家庭(即不与子女同住)1 561.64 万户。

其中,农村老年空巢家庭为1 117.9万户,占老年空巢家庭总数的71.58%;农村空巢老人总数为1 632.90万,占全国空巢老人总数的69.79%。我国农村地区严峻的养老局面与快速推进的城镇化密不可分。

因此也可以说,我国人口正在快速城镇化的背景下高速地老龄化,且这一趋势会持续至本世纪中叶。这与全球人口结构和人口迁移的大趋势相吻合。目前全球一半人口居住在城市中,且这一比例会在2030年升至60%[1]。与此同时,世界老年人口所占的比例将会在2050年左右升至22%,且主要集中在目前的发展中国家的城市地区,到那时,老年人口的占比将超过这些国家的城市人口的25%[2]。

二、城镇化与农村老年人精神健康

城镇化对人口老龄化的影响是多维度的,其中一个很重要的方面就是对老年人精神健康的影响。一般来说,城镇化意味着城市空间、市场和劳动力规模的扩大,而由这些所带来的在个体、家庭和社区层面的变化将可能转化为一系列影响包括老年人在内的各个群体的精神心理健康的有利或者风险性因素[3]。然而,既有研究大多关注流动人口,且多为城镇化对市民权利、社会保障以及相关的公共卫生问题的研究。而城镇化对农村老年人口的精神健康的影响获得的研究关注仍然相对较少[4]。

作为一个多维度的社会进程,城镇化对于个体的影响是多层面的。也就是说,在城镇化背景下,研究应该以一个生态学的视角来考察影响个体精神健康的社会性因素。在中国的城镇化过程中,来自个体、家庭和社区层面的诸多因素都有可能影响老年人口的精神健康。例如,个体层面的因素可能会包括个人社会身份的转变、体质健康以及生活方式等;家庭层面的因素可能会包括家庭

---

[1] Quinn, A. (2008). Healthy aging in cities. *Journal of Urban Health*, 85(2), 151−153.

[2] WHO. (2007). *Global age-friendly cities: A guide*: World Health Organization.

[3] Gong, Peng, Liang, Song, Carlton, Elizabeth J, Jiang, Qingwu, Wu, Jianyong, Wang, Lei, & Remais, Justin V. (2012). Urbanisation and health in China. *The Lancet*, 379(9818), 843−852.

[4] Zhang, Li. (2008). Conceptualizing China's urbanization under reforms. *Habitat International*, 32(4), 452−470.

居住安排、家庭关系以及家庭收入的变化;而社区层面的因素可能包括社区人文和物理基础设施的变化。所有这些由城镇化带来的改变都可能会对老年人口的精神健康带来或积极、或消极的影响。

(一)个人社会身份的转变

作为一种制度性社会排斥机制,户口制度将中国人口进行了区隔,并进而又以制度福利上高低有序的形式对全部人口进行了组合。户口制度自20世纪50年代正式推出,被用于控制人口从农村流向城镇地区。在此后数十年中,户口制度通过成为各种公共资源(如城乡之间的社会福利、教育和卫生服务,以及经济发展政策等)最重要的分配参照体系,而得到维系和强化。逐渐地,户口制度使中国社会形成了一个二元社会结构,国民的社会身份也可以简单的分为农业户口或非农业户口的持有者,但两者之间的市民权有非常显著的差异。非农业户口的持有者,尤其是那些在发达地区的市民,在国家的社会、经济和政治生活中拥有全面的优势。

国人的户籍身份由其父母的户籍身份和出生地的性质来决定。在改革开放以前,实现户籍转变的渠道非常有限。实现从农业户口转变为非农业户口的渠道主要通过上大学和在城镇地区获得稳定就业职位。由于在基础教育和技能培训中的劣势,在改革开放前农村居民实现户籍转变的可能性微乎其微。随着改革开放后城镇化速度的加快,国家经济和技术的发展催生了城镇地区对于农村劳动力的巨大需求。并且,随着对于外界信息获取渠道的拓宽,农村人口也更倾向于去城镇寻找发展机会。因此,自20世纪80年代以来,中国有几亿农村人口涌向城镇地区,他们都渴求通过劳动来改变自己既定的农村生活历程。绝大多数农村流动人口都在城镇中获得了更高的经济收入,尽管他们的农村户籍身份并未改变,并且他们很难获得城镇地区的社会福利及其他公共资源。但是,他们之中也不乏有通过有限的渠道获得城镇户籍的人。所以,观察社会身份转变与否是考察城镇化对个体影响的有效办法,这主要是因为户籍身份是中国人口福利待遇、生活方式,以及其他社会信息的有效指标物。

(二)家庭居住形式的改变

由于城镇化的推进,中国农村家庭的居住形式在过去数十年中发生了巨大的变化。传统的多代同住模式曾经在农村地区较为普遍,但自 20 世纪 80 年代以来,这一模式逐渐式微。在 2000 至 2010 年间,我国农村地区的一代户家庭的占比从 18.21% 升至 29.77%;农村有 65 周岁以上老人的家庭中的空巢家庭的占比从 20.98% 提高到 29.60%[①]。同时,截至 2010 年,我国农村有 218 万家庭属于隔代家庭户,即家庭由老人和未成年的孙子女辈组成[②]。

造成我国农村地区家庭居住形式发生如此大变化的主要原因是农村向城镇的人口流动。在 2 亿多农村流动人口中,绝大部分处于劳动年龄且未将家中老人带到城镇地区。这就解释了过去数十年中我国农村一代户家庭、空巢老人家庭和隔代家庭占比的大幅度提升。另外还应特别关注家庭居住形式改变对农村老年人口的影响。成年子女的离开增加了老人们在应对生活压力事件时的脆弱性,尤其会加快他们功能水平下降的速度,加强他们的精神空虚感。由于地理距离、交通成本和工作压力,大多数农村流动人口回家的频率低于每年一次[③]。因此,农村老人在日常生活中获得的流动子女的支持是非常有限的。此外,他们中的许多人还需要承担照顾留守孙子女辈的家庭责任。我国农村地区公共服务体系还相对薄弱,这尤其体现在农村教育体系方面,这就客观上加重了农村老人教养留守孙子女的负担,教养孙子女成为农村老年人口生活压力的重要原因。

尽管学界和政策界均认可人口流动对于中国城镇化的重要性,并且对流动人口,尤其是青壮年劳动人口,给予了非常多的关注,但对于农村留守的老年人口的关注却相对较少[④]。对于受到城镇化影响的农村老年人口来说,家庭居住安排,尤其是与子代的物理距离,能够直接地影响他们的精神健康,或间接地通过家庭关系、家庭支持或家庭收入来影响他们的精神健康。因此,家庭居住安排是城镇化背景下影响我国农村老年人口心理及精神福祉的重要因素之一。

(三)农村社区环境的重构

我国的城镇化不仅意味着各种资源在城镇地区的集聚,也伴随有城市空间

[①] 国家统计局(2001),《第五次全国人口普查数据汇总》.
[②] 国家统计局(2010),《第六次全国人口普查数据汇总》.
[③] Wong, Keung, Fu, Daniel, Li, Chang Ying, & Song, He Xue. (2007). Rural migrant workers in urban China: living a marginalised life. *International Journal of Social Welfare*,16(1),32-40.
[④] Zhang, Li. (2008). Conceptualizing China's urbanization under reforms. *Habitat International*,32(4),452-470.

和资本向原有农村地区的扩张①。随着城镇化的深入发展,城镇工业部门和城镇人口需要更多的物理空间来安置,而解决城镇空间问题最直截了当的做法就是从农村地区征用土地。20世纪80年代末以来,我国农村地区每年都有数百万亩土地被征用。与此同时,我国城镇地区的面积在2000年至2011年间增加了74.6%②。由于不断有新的、更加雄心勃勃的城市规划推出,可以预见的是,未来数十年内我国农村地区将有更多的土地被征用于工业或城镇建设,或直接变更为城镇地区。

在农村地区,土地是社会和经济生活的核心。对于农村社区和农村人口来说,土地被征用是一个质的变革。从个体角度来说,失去土地的农民将不得不改变职业,从务农转向服务业或制造业部门就业,或成为无业者。他们还很可能会经历住房、生活方式、收入水平,以及其他多个方面的生活变化。从社区角度来看,征地首先会带来物理环境的变化。由于农村土地多被征用来进行工业或住房建设,所以随着征地而来的将是社区中的基础设施,如道路、桥梁、公共交通和文娱活动设施等的建设和升级。进一步地,社区的经济结构也将发生根本的改变,主要表现为农业经济占比的下降和工业及商业占比的上升。征地社区的社会环境也将发生改变,即从原有的以血缘纽带为基础的传统熟人社会,逐渐转变为以互助、业缘和兴趣团体为关系纽带的更为多元化的现代社会。然而,既有研究往往只关注农村征地社区的社会环境或物理环境中的一方面。有鉴于我国城镇化在农村社区层面的诸多表征,相关研究有必要将二者均考虑在内,并实证考察它们对受到影响的老年人口的精神心理健康的影响。

总的来说,在我国城镇化过程中,个体、家庭及社区层面的诸多因素都会对农村社区老年人口的精神健康产生影响。并且,个体层面最显著的社会性因素是由户籍制度所型塑的社会身份;家庭层面最显著的影响因素是由城乡人口流动所导致的家庭居住安排的变化;社区层面最显著的影响因素是由农村地区征地所带来的社区物理和社会环境的重构。也就是说,要考察城镇化对中国农村社区老人精神健康的影响,就需要特别关注社会身份转变、家庭居住安排改变,

---

① Deng, Xiangzheng, Huang, Jikun, Rozelle, Scott, & Uchida, Emi. (2008). Growth, population and industrialization, and urban land expansion of China. *Journal of Urban Economics*, 63(1), 96–115.

② 国务院. (2014). 国家新型城镇化规划(2014—2020). http://news.xinhuanet.com/city/2014-03/17/c_126276532.htm.

以及社区环境重构的作用。

三、研究目的及意义

（一）研究目的

本书的研究目的是考察城镇化过程是如何影响我国农村老年人口的精神健康的。主要的研究关注点为个体、家庭和社区层面的社会因素对农村社区老年人口的精神症状，主要为抑郁症状的影响。同时，基于相关实证研究结果，结合国内外已有的政策实践，提出相关的政策建议。基于此，本研究区分出以下三个研究子目标：

（1）考察由城镇化导致的社会身份的变化/不变与我国农村社区老年人口的抑郁症状之间的关系；

（2）考察由城镇化导致的家庭居住安排的变化与我国农村社区老年人口的抑郁症状之间的关系；

（3）考察由城镇化导致的农村社区环境重构与我国农村社区老年人口的抑郁症状之间的关系

（二）研究意义

本研究有较为突出的理论及实证意义。在理论方面，本研究有助于丰富学界对于老年人精神健康的不同层面的影响因素的认知，即个体的生命历程、家庭的居住安排，以及社区的环境重构。首先，本研究将理顺早期生命经历（即儿童期逆境事件）与晚年生活中的抑郁症状之间的关系。现有研究关于生命早期逆境经历与晚年精神健康之间的关系的发现还有许多矛盾之处[①]。并且，目前还较少有研究会关注到在两个生命阶段之间的生活经历对两者之间的关系会产生何种影响。目前我国农村老年人口在他们的青壮年生活阶段都经历过由

---

① Green，Jennifer Greif，McLaughlin，Katie A，Berglund，Patricia A，Gruber，Michael J，Sampson，Nancy A，Zaslavsky，Alan M，& Kessler，Ronald C. (2010). Childhood adversities and adult psychiatric disorders in the national comorbidity survey replication I：associations with first onset of DSM-IV disorders. *Archives of general psychiatry*，67(2)，113-123.

改革开放所引发的城镇化过程,他们都是中国城镇化勃兴的见证者。因此,将个体的城镇化经历作为一个调节变量,本研究可以提供一个理顺早期生命经历与晚年精神健康的关系的有效方法和视角。

其次,本研究有助于增加对于家庭成员之间的分离对于老年人口精神健康的影响的理解。现有研究主要是通过资源视角去理解与家庭成员的物理区隔与老年人的精神健康之间的关系的[①]。将这样一种思路带入中国城镇化的场域,也就是说,子代流动到城镇地区会影响留守在农村地区的父代的生活支持性资源、收入和日常生活帮助资源,以及情感支持性资源。然而,由于在家庭成员分离的原因、农村家庭结构,以及老年人口在经济和文化特质方面的不同,在中国这样一个发展中国家中,家庭成员间在物理上的分离可能会在不同方面或积极、或消极地影响农村社区老年人口,一个单向度的视角并不可取。

第三,本研究将加深对社区重构与老年人精神健康之间的关系的理解。大量的既有研究已经证明个体的精神健康与其所处的社区环境(如基础设施、文娱活动设施、社区基层组织等的完备程度等)密切相关[②]。但是,尽管有一些研究表明社区环境的重构与社区成员精神健康的恶化有关,其中的原因主要包括更有压力的生活方式、环境污染,以及个体难以适应社区改变[③];还有其他许多研究表明社区环境重构可能会对成员的精神健康带来积极的影响,积极影响的途径包括:增加就业机会、提高教育年限、促进经济发展和生活环境的改善,以及其他与向上社会流动相关的改变。因此,通过研究我国农村社区环境重构所带来的老年人精神健康方面的意涵,本研究能够为社区环境与老年精神健康的关系方面的理论作出相应的贡献。

同时,本研究的实证意义在于研究的结果有助于改进现有的城镇化政策,使现有政策更多地关注农村地区老年人的精神健康。过去数十年中,我国的城镇化政策均以工具理性为导向,主要的关注点为经济发展。而基于此理念所制定的政策大多停留在物质的层面,如道路、桥梁、广场、高大上的建筑等基础设

---

① Hank, Karsten. (2007). Proximity and contacts between older parents and their children: A European comparison. *Journal of Marriage and Family*, 69(1), 157 – 173.

② Halpern, David. (2014). *Mental health and the built environment: more than bricks and mortar?*: Routledge.

③ Chen, Juan, Chen, Shuo, & Landry, Pierre F. (2013). Migration, environmental hazards, and health outcomes in China. *Social science & medicine*, 80, 85 – 95.

施,以及单位 GDP。这样的城镇化政策经常为学界所批评为"土地的城镇化",而非"人的城镇化"[①]。根据国家发展与改革委员会 2014 年颁布的《国家新型城镇化规划(2014—2020 年)》的要求,中国未来是要真正落实"人的城镇化"。要实现这一点,就必须对受到城镇化影响的人群,尤其是其中相对弱势群体的发展和利益予以充分关切。

但在实际情况中,相关地区人口的心理福祉问题很大程度上被忽视了。由此造成的社会不平等和社会排斥对于农村老年人口的影响尤为显著,因为他们应对社会变革的能力相对更弱。与此同时,当前的城镇化过程对于快速增加的农村老年人口来说,又可能是一个难得的机遇。因为城镇化所带来的体制机制变革,有希望型塑一个更为平等、包容和赋能的新社区环境。在这一方面,本书所考察的社会身份、家庭居住安排和社区环境重构所包含的精神健康意涵,能够为实现这一积极改变进行一些探索,符合"人的城镇化"的题中之义。

四、本书的研究方法与结构安排

图 1-2 中概括了本书的研究方法及篇章结构安排。

(一)研究方法

本书的研究结论主要基于定量研究数据,但同时也辅之以文献和案例等质性研究数据。全书采用的数据收集方法包括:文献研究法、二手定量数据法和案例分析法。具体来说,文献研究法主要运用于本书的研究背景部分和理论框架部分的写作;二手定量数据法主要运用于本书的实证部分的写作,尤其是在呈现城镇化背景下,个体、家庭和社区因素如何影响农村老年人精神健康的实证证据方面;案例法主要是运用在呈现国外促进社区老人精神健康的案例,以及国内为促进社区老人的精神健康而推行的政策实践方面。

本书对通过以上方法采集到的数据使用了以下几种分析方法,即:描述性

[①] 陈凤桂,张虹鸥,吴旗韬,陈伟莲.我国人口城镇化与土地城镇化协调发展研究[J].人文地理,2010(5):53—58.

```
                    ┌──────────────┐
                    │   研究背景    │
                    └──────┬───────┘
                           ↓
                    ┌──────────────┐
  数据收集方法       │ 理论基础与数据来源 │       数据分析方法
                    └──────┬───────┘
          ┌────────────────┼────────────────┐
          │  ┌──────────────────────────┐   │
  文献资料法 │  │ 社会身份转变与农村社区老人的抑郁症状 │   案例比较分析
          │  └─────────────┬────────────┘   │
          │                ↓                │
          │  ┌──────────────────────────┐   │
          │  │ 家庭居住安排与农村社区老人的抑郁症状 │   描述性统计
          │  └─────────────┬────────────┘   │
          │                ↓                │
  二手定量数据 │  ┌──────────────────────────┐   │
          │  │ 社区环境重构与农村社区老人的抑郁症状 │   典型相关分析
          │  └─────────────┬────────────┘   │
          │                ↓                │
          │  ┌──────────────────────────┐   │
  案例法    │  │ 促进社区老年人精神健康的国际经验 │   潜在聚类分析
          │  └─────────────┬────────────┘   │
          │                ↓                │
          │  ┌──────────────────────────┐   │
          │  │城镇化下我国促进农村老年人精神健康的政策实践│   │
          │  └──────────────────────────┘   │
          └─────────────────────────────────┘
```

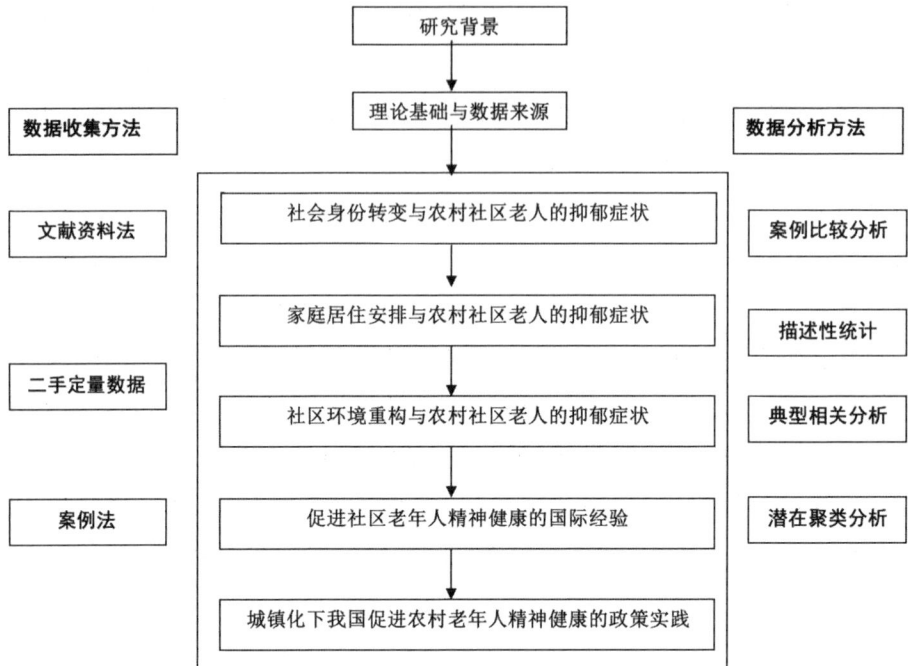

图 1－2　本书的研究方法及篇章结构

统计、典型相关分析、潜在聚类分析和案例比较分析等。其中,描述性统计主要用于对各个子研究中所涉及的样本的人口学情况和研究变量的分布情况进行描述;典型相关分析及回归分析主要在探索各个子研究中的自变量与因变量的关系时使用;潜在聚类分析主要在第一个子研究,即研究个体身份转变与老年精神健康的关系时使用,用于探索各项童年逆境经历之间的聚类关系;案例比较分析主要在陈述和比较国际和国内各项促进社区老人精神健康的案例和政策实践中使用。在具体操作过程中,数据分析主要通过 SPSS 22.0 和 Mplus 7.0完成。

(二)本书的篇章结构安排

本书的第一章为导论部分,主要探讨了本书所涉及的三个主要研究概念,即:城镇化、老龄化、老年精神健康,以及三者之间的关系,进而引出本书的研究目的:考察城镇化过程是如何影响我国农村老年人口的精神健康的,以及该研究的重要现实和理论意义。

本书的第二章将进一步探讨在城镇化背景下我国农村社区老年人精神健康的影响因素的具体研究背景,主要分为四个部分。首先是对我国城镇化的历史进行回顾,并基于世界各国城镇化的发展历程,对我国不同时期的城镇化进行类型学分析,从而更好地定位我国当下城镇化的历史定位、特征和影响层面。其次,基于世界各地的既有研究文献,对影响老年人精神健康的社会性因素,特别是个体生命历程因素、家庭因素和社区发展因素,进行了系统的提炼和总结,从而为书中之后部分对我国农村社区老年人精神健康的影响因素分析进行铺垫。再次,基于既有研究,对我国农村地区老年人口的各项精神障碍的发病情况进行了概述,并总结了可能的社会性致病原因,重点阐述了各类精神障碍,尤其是抑郁症,对我国农村老年人口在体质健康、残疾率、行为健康和社会及家庭关系方面的负面影响。最后,本章还利用全国性的定量数据,概述了我国当前农村老年人口的情绪问题和精神健康的基本状况。

第三章介绍了本书所使用的理论框架和实证数据来源。在整体理论框架方面,本书主要基于社会生态学视角,在此理论视角的基础上探讨我国城镇化与农村社区老年人精神健康之间的关系。同时,将前者对后者的影响概念化为三个层面,即个体身份、家庭居住安排和社区环境重构。其中,在个体身份层面,具体使用的是生命历程理论;在家庭居住安排层面,具体使用的是理论压力缓冲模型;在社区环境重构层面,具体使用的是基础原因理论。在进行理论陈述的过程中,除介绍以上本书中具体使用的理论之外,还介绍了相关的竞争性理论(competing theories),并结合中国的背景,解释为何使用相关理论而不使用其他竞争性理论。本章还对其后三个子研究所基于的"中国健康与养老追踪调查"(China Health and Retirement Longitudinal Study,CHARLS)数据进行了介绍。

第四章至第六章为本书的实证研究部分。基于本书的理论研究框架以及相关的概念化过程,这三章从个体生命历程视角、家庭居住安排视角和社区环境重构视角分别介绍了一个子研究。从而建构出在我国当前的背景下,城镇化对农村社区老年人精神健康的影响的较为全面的图景。这三个子研究所使用的实证数据均来自"中国健康与养老追踪调查"(CHARLS)。

第七章介绍了国际上促进社区老人精神健康的典型实践案例,具体包括:美国的 PACE 模式和 CCRC 模式、英国的整合照护(Integrated Care)模式、澳大利亚的专业社区老年精神健康服务模式。这些模式均具有各自的特点和成功之处,可以提炼出我国可资借鉴的经验。

第八章介绍了我国农村地区促进老年人精神健康的政策实践案例,具体包括:农村集中式养老模式、"时间银行",以及精神健康"守门人"模式。这三种模式均结合了当地的实际情况和老年人的生活特点,为促进和改善城镇化过程中社区老年人的精神健康水平提供了有益的探索。

第九章对全书内容进行了总结,提出了需要读者注意的研究局限。同时,基于已得到的研究结果提出了相关的政策建议,并针对书中存在的研究局限,提出了未来相关研究应努力的方向。

第二章 城镇化背景下我国农村老年人精神健康状况

一、我国城镇化的历史及类型分析

根据联合国的定义,城镇化指的是居住在城市地区的人口占总人口比重增加的一个过程。在此过程中,大量人口将定居在一个相对较小的地域范围内,进而形成城镇。这一进程所带来的影响是多方面的:在经济层面,它意味着服务业与制造业的勃兴,以及消费的扩张;在人口方面,它意味着大量人口为追求更好的生活机会而从农村流向城市;在社会方面,它将导致影响深远的社会流动,加剧或缩小贫富阶层的差距;在政治方面,它可能会促进市民社会的形成和发展,从而深刻改变一个国家的政治版图;在文化方面,它能使文化和生活方式变得更加多样化,从而在挑战传统的同时,也为传统的发展提供了更多的机会[1]。基于此,城镇化的进程意味着特定的经济、人口、社会、政治和文化力量的聚合,而这种聚合能够对个体的精神健康产生影响。

尽管在研究文献中,城镇化与现代化、工业化和理性化等现代概念紧密相关,但它并非是一个在当代才出现的现象。根据历史研究者的观点,它是全球范围内人类社会性的一个快速而历史性的变革。在 19 世纪,英国及其他几个欧洲国家在经历一个多世纪的城镇化历程后,城镇人口占比首次超过 50%,成为首批城市国家,而自 20 世纪末以来,发展中国家逐渐成为全球城市化的主导力

---

① Marsella, Anthony J. (1998). Urbanization, mental health, and social deviancy: A review of issues and research. *American psychologist*, 53(6), 624.

量①。根据 Mokyr 的划分方法，在世界城镇化历史上共有三种类型的城镇化。

第一种是"平行型城市化"（parallel urbanization），即由产业升级和技术进步所引发的城市化。当前主要发达国家经历的就是这一种城市化模式。在这一模式中，城市通过以下两种方式来促进商业发展和劳动分工：①为价廉物美的商品提供足够大的市场空间；②为正向外部性、规模化经营和产业集聚提供良好的环境。

第二种类型是"过度型城市化"，主要是指城市化的速度超过了经济发展的速度。这种情况通常发生在这样的发展中国家中：国家的经济发展未能转化为针对城市中庞大劳动力的就业机会。这种城市化的一大恶果就是贫民窟的产生。有研究认为这种模式的诞生也与过度依赖国际资本有关。长远来看，这种类型的城市化会妨碍经济的可持续发展②。

第三种类型是"滞后型城市化"，它的特征是低城市化率、国家对城市生活的全面管控，以及没有高密度的中央商务区（CBD）和高收入阶层居住的低密度郊区居住区。这一城市化类型主要存在于社会主义和后社会主义国家中，即使这些国家已经发生了社会性质的转变，它的诸多特征仍然保留了下来③。

以上标准是以经济发展与城市化发展的步调是否一致来进行城市化类型的区分。基于此，当代中国的城镇化的历史可以以 20 世纪 70 年代末的改革开放为分水岭而划分为两个阶段。在改革开放前，我国的城镇化可以看作是"滞后型城市化"。该阶段的城镇化的主要特征是国家对于城市经济发展的统治地位，具体表现为：①国有经济的绝对主导地位；②中央政府对于经济政策制定权力的绝对垄断，以及对经济制定过程的全面掌控；③国家主导的工业化进程以及由中央政府计划的经济积累机制；④高度管控的城乡人口流动以及城市作为行政和制造业中心的地位④。

改革开放后，我国的城镇化的类型却很难根据以上三种类型进行划分。改

① Girardet，Herbert. (1996). *The Gaia Atlas of Cities*: *new directions for sustainable urban living*: UN-HABITAT .

② Timberlake，M.，& Kentor，J. (2005). Economic Dependence，Overurbanization，and Economic Growth: A Study of Less Developed Countries. *The Sociological Quarterly*，24(4)，489 – 507.

③ Scarpaci，J.L. (2000). On the transformation of socialist cities. *Urban Geography*，21(8)，659 – 669.

④ Zhang，Li. (2008). Conceptualizing China's urbanization under reforms. *Habitat International*，32(4)，452 – 470.

革开放以来,中央政府对城镇化持鼓励支持态度,且城镇化速度在 20 世纪 90 年代后期加速。到 2011 年,首次实现了全国一半人口为城镇居民的目标。根据国务院 2014 年的规划报告,到 2020 年,我国将新增 1 亿城镇人口,并且会有更多的中小型城市从现有的农村地区脱胎而出。因此,已不适合用"滞后型城市化"来描述我国的情况。但与此同时,由于户籍制度的存在,并继续在国家经济和福利中扮演着重要的角色,中国当前的城镇化仍然相当程度上是由国家政治主导和调控的。也就是说,它也不适合被称之为"过度型城市化"或"平行型城市化"。

在这一阶段,我国的城镇化主要有四个特点。一是,在经济所有制方面,尽管公有制仍然占有主导地位,但私有制也得到了空前的发展,并且还引入了多种所有制共同发展。第二,在中央政府所扮演的角色方面,经济政策的制定权很大程度上下放给了地方政府,从而使它们有更多改革创新的能力。第三,在经济积累的体制机制方面,国家仅在关键核心领域进行控股,市场力量得到了长足的发展。第四,城镇地区成为了商品生产和销售的集聚地。

梳理我国在改革开放之前和之后出台的与城镇化相关的政策,可以看出我国城镇化性质的变迁。表 2 - 1 对相关代表性政策进行了归纳。其中,1958 年出台的户籍制度为改革开放前的城镇化政策定下了基调,即控制城镇人口数量和城镇规模。它根据出生地将国人的社会身份严格地区分为农业户籍和非农业户籍,并对城乡之间的人口流动进行了严格管控。1979 年之后国家方针才开始改变,当时中共中央委员会在政策文件中首次确认要缩小城乡之间的发展差距,而落实这一政策精神的举措之一就是大力发展小城镇[1]。

表 2 - 1　我国改革开放前后的城镇化政策对比

年份	政策名称	政策目标
1958	《中华人民共和国户口登记条例》	严格管控农村人口流向城市
1963	《关于调整市镇建制、缩小城市郊区的指示》	减少城市数量、压缩城市人口

---

[1]　Zhou，Yixing，& Ma，Laurence J. C. (2003). China's urbanization levels: reconstructing a baseline from the fifth population census. *The China Quarterly*，173，176 - 196.

（续表）

年份	政策名称	政策目标
1979	《中共中央关于加快农业发展若干问题的决定》	缩小城乡差距；发展小城镇
1980	《全国城市规划工作会议纪要》	控制大城市规模；合理发展中等城市；促进小城镇发展
1984	《国务院关于农民进入集镇落户问题的通知》	放松农村向城镇的人口流动
1995	《关于加强小城镇建设的若干意见》	启动了小城镇综合改革试点
1998	《中共中央关于农业和农村工作若干重大问题的决定》	将小城镇建设提高到了"大战略"的高度
1998	《中华人民共和国土地管理法实施条例》	可以依法改变土地使用权、所有权和土地用途
2008	《中共中央关于推进农村改革发展若干重大问题的决定》	准许土地流转
2010	《2010年中央经济工作会议报告》	城镇化是继续推进经济改革的重要力量
2014	《国家新型城镇化规划（2014—2020年）》	"以人为本"的城镇化；市民权利

我国在1980年召开了全国城市规划工作会议，首次提出了城镇化的三项基本原则，即"控制大城市规模""合理发展中等城市"和"大力推进小城镇发展"。这三条成为之后中国数十年城镇化的指导性原则。中央政府在20世纪80年代还放松了对城乡人口流动的控制，使农村居民较之以往有相对较宽的途径进入城镇地区居住和获得户籍。这一转变的主要目的是满足城镇地区工业部门日益增长的对劳动力的需求。与此同时，随着人口和经济的增长，城镇地区对土地的需求也在大幅度增加。也就是在这个时候，政府开始了对土地使用权转让的改革试点。

直到2000年伊始，我国政府才开始实质性地去除农村流动人口进城落户和农村土地改革的体制障碍。一方面，农村居民有更多机会去改变自己被户籍制度所定义的社会身份了，这激励了大批以青壮年劳动力为主体的农村居民流出农村，这同时也造成了农村居民家庭居住安排的根本性变化。另一方面，随着土地流转和土地使用权交易的合法化,农村社区获得了重构社区环境的空间、社会和经济资本。与之相关的行动包括:基础设施建设、发展工业、提升社会福利水平等,这些都改变了农村社区的物质和社会经济环境[①]。

2010年以后,特别是李克强总理提出要深入发掘城镇化的红利之后,城镇化战略上升为深入推进经济改革的重要支点。既往存在的体制障碍进一步扫除。这一方面反映在户籍制度改革和提出"以人为本的城镇化";另一方面,通过发展小城镇,城镇化改革试点也积累许多经验和教训。

通过对发展路径的分析,我们可以看出中国城镇化的外生性特征,即我国城镇化是由国家主导、由政策驱动的。与此同时,在世界其他地区观察到的由城镇化带来的多维度影响在我国的城镇化过程中也能看到。以对人民群众的健康影响为例,有学者发现城镇化会通过人口流动、健康服务供给、生活方式改变、环境污染和环境变化,以及人口老龄化等途径来影响我国人口[②]。也就是说,城镇化过程中的风险性因素可以在个体、家庭和社区层面中呈现。因此,相关研究需要建立一个综合性的分析框架,从而才能更为合理地分析城镇化对我国农村社区老年人的多维度的影响。

二、老年人精神健康的社会性影响因素

个体的精神健康很大程度上是由在不同生命阶段中的各种社会、经济和物质环境所决定的[③]。根据世界卫生组织的研究发现,不同性别、年龄段、种族、教育程度、收入水平和居住地位置的人群,在精神健康方面均会有差别[④]。众多大型流行病学调查的结果显示,主要的精神障碍种类(即抑郁症和焦虑症)与个体的社会人口学特征密切相关。例如,女性、年老、低教育程度、社会支持程

① Guo, Xiaolin. (2001). Land expropriation and rural conflicts in China. *The China Quarterly*, 166, 422-439.
② Gong, Peng, Liang, Song, Carlton, Elizabeth J, Jiang, Qingwu, Wu, Jianyong, Wang, Lei, & Remais, Justin V. (2012). Urbanisation and health in China. *The Lancet*, 379(9818), 843-852.
③ Allen, Jessica, Balfour, Reuben, Bell, Ruth, & Marmot, Michael. (2014). Social determinants of mental health. *International Review of Psychiatry*, 26(4), 392-407.
④ World Health Organization and Calouste Gulbenkian Foundation. (2014). Social determinants of mental health. Geneva: World Health Organization.

度低,以及社会隔离状态等,都会导致更高的精神障碍发生率①。从经济角度看,较低的社会经济地位(SES),如生活物资缺乏和失业等,与精神健康较差也显著相关②。同时,环境因素,如住房和社区基础设施条件等,也能影响个体的精神健康。许多学者的研究发现,改善社区环境能够显著降低精神健康的风险性因素③。

还应予以关注的是,导致个体在精神健康方面的劣势的社会、经济和环境因素可能在个体出生之前就已经存在了,并且会伴随个体一生的成长而累积④。有非常充分的证据可以证明出现在个体生命后期的精神症状事实上在生命早期就开始形成了⑤。因此,在分析影响老年人精神健康的社会性因素时,需要构建一个包含不同层面的社会因素,并且将不同生命阶段考虑在内的综合性分析框架。简而言之,这一框架应该综合个体、过程和背景。

在中国,运用这样的综合性框架分析农村人口的研究还较为缺乏。作为当前中国农村地区最为重要的背景性因素,城镇化正在从社会、经济和物质环境层面给农村老年人口带来影响深远的变革,而这些变革将可能或积极、或消极地影响他们的精神健康。在个体层面,它会导致农村居民社会身份的改变,即从农业户籍人口转变为非农业户籍人口。这一身份的改变不仅意味着能够获取更多的公共资源(如社会福利和就业机会等),还意味着更高的社会声望。在家庭层面,城镇化已经导致了农村地区广泛的家庭居住安排变迁。劳动年龄人口流入城市,他们中许多人都将未成年子女和老年父母留在农村家乡。对于农村老年人,这意味着社会支持的削弱以及更多的照顾孙子女辈的责任和负担。

---

① Lund，Crick，Breen，Alison，Flisher，Alan J，Kakuma，Ritsuko，Corrigall，Joanne，Joska，John A，Patel，Vikram. (2010). Poverty and common mental disorders in low and middle income countries：a systematic review. *Social Science & Medicine*，71(3)，517－528.

② 李建新,夏翠翠.社会经济地位对健康的影响:"收敛"还是"发散"——基于 CFPS2012 年调查数据[J].人口与经济,2014(05):42－50.

③ Turley，Ruth，Saith，Ruhi，Bhan，Nandita，Rehfuess，Eva，& Carter，Ben. (2013). Slum upgrading strategies involving physical environment and infrastructure interventions and their effects on health and socio - economic outcomes. *The Cochrane Library*.

④ Kelly，Y，Sacker，A，Del Bono，E，Francesconi，M，& Marmot，M. (2011). What role for the home learning environment and parenting in reducing the socioeconomic gradient in child development? Findings from the Millennium Cohort Study. *Archives of disease in childhood*，archdischild195917.

⑤ Fryers，Tom，& Brugha，Traolach. (2013). Childhood determinants of adult psychiatric disorder. *Clinical Practice and Epidemiology in Mental Health*：*CP & EMH*，9，1.

在社区层面,由城镇化导致的征地动迁已经深远地改变了我国农村的社会经济和物理环境面貌。伴随而来的是基础设施建设升级、人与人之间交流方式的改变、农业就业的减少和工业及服务业就业机会的增多等。这些伴随城镇化而来的社会变革,给农村老年人的精神健康既带来了风险,也带来了积极的好处。但是在既有的研究中,却未对这些影响进行一个结构性的分析,也缺乏一个综合性的分析视角来揭示其背后的多元图景。基于我国城镇化的基本特征和发展趋势,要考察农村老年人的精神健康,需要密切关注以下三个方面的背景性因素:

(一)老年人口精神健康的个人生活历程背景

根据世界卫生组织于 2014 年发布的研究报告,应当重点关注在个体的早期形成和发育阶段中,各种风险因素是如何影响精神健康的,或者说,它们是如何在此后多年甚至是数十年之后逐渐导致精神障碍的。对于老年人口来说,这类研究有着特别的意义。因为他们的精神健康状况是由各个生命阶段中的社会因素所决定的,包括出生前、围产期、儿童早期、青少年期、工作年龄及构筑家庭阶段等。以各个生命阶段中所经历的社会机制和政策安排为例。一个人所接受的教育、社会照料和工作职位都会深刻地影响他们选择自己人生轨道的能力。个体在这些社会机制和政策安排方面的经历会非常的不同,而这种差异又会不同程度地影响他们的发展结果。因此,在考察个体的精神福祉问题时,需要采用一个系统性、综合性的分析框架来审视个体的生命历程,并且应该让每一个孩子都有个尽可能好的人生开端,从而让他们能在生命的后期各个阶段中获得良好的精神健康[1]。

在一个人出生时发生的重要生命事件可能会影响到她/他以后各个生命阶段中的精神健康。Roseboom、de Rooij 和 Painter(2006 年)等发现在荷兰大饥荒年份出生的孩子体重更轻,并且在成年后有更高风险患上慢性疾病,而这些体质健康的劣势都更可能转变为精神健康上的风险。许多研究还证明了出

---

[1] Cherlin,Andrew J,Chase-Lansdale,P Lindsay,& McRae,Christine. (1998). Effects of parental divorce on mental health throughout the life course. *American sociological review*,239 – 249.

生前的营养不良与出生后较差的身体健康密切相关①②。而出生之处的各种劣势也可能对之后的精神健康产生直接的影响。例如,有研究表明怀孕、接生和新生阶段中的异常状况与成年期发病的精神分裂症有显著的相关性③。另外,还有许多研究证明经历过 1959～1961 年"三年自然灾害"时期的婴儿,在此后的一生中较之其他人口群体有更高的精神分裂症的患病率④。

儿童时期所经历的某些家庭和学校事件也可能会影响到年老时的精神健康。例如,有研究发现儿童时期经历或目睹家庭暴力与成年后或老年时精神及行为障碍有显著的关系⑤。其他形式的童年期受家庭成员虐待的经历,如冷暴力和性虐待,也被证明是对个体一生的精神健康都有持续的负面影响的⑥。这个阶段中父母的行为特征也可能会影响到孩子以后人生阶段中的心理健康。有研究表明,酗酒和有暴力行为特征的父母会使孩子在成年以后有更高的可能性患上抑郁症⑦。

许多在青年和中年阶段的生命事件也会显著地影响老年阶段的精神健康,如结婚和离婚、就业和失业、抚育孩子等⑧。值得注意的是,在不同生命阶段的

---

① Painter,Rebecca C,De Rooij,Susanne R,Bossuyt,Patrick MM,Osmond,Clive,Barker,David JP,Bleker,Otto P,& Roseboom,Tessa J.(2006). A possible link between prenatal exposure to famine and breast cancer:a preliminary study. *American journal of human biology*,18(6),853 – 856.

② Painter,Rebecca C,Roseboom,Tessa J,& Bleker,Otto P.(2005). Prenatal exposure to the Dutch famine and disease in later life:an overview. *Reproductive toxicology*,20(3),345 – 352.

③ Jones,Peter B,Rantakallio,Paula,Hartikainen,Anna-Liisa,Isohanni,Matti,& Sipila,Pirkko.(1998). Schizophrenia as a long-term outcome of pregnancy,delivery,and perinatal complications:a 28-year follow-up of the 1966 north Finland general population birth cohort. *American Journal of Psychiatry*,155(3),355 – 364.

④ Song,Shige,Wang,Wei,& Hu,Peifeng.(2009). Famine,death,and madness:schizophrenia in early adulthood after prenatal exposure to the Chinese Great Leap Forward Famine. *Social Science & Medicine*,68(7),1315 – 1321.

⑤ 刘广天. 童年期家庭不良经历与成人期精神障碍关联的病例对照研究[D].银川:宁夏医科大学,2017.

⑥ Spataro,Josie,Mullen,Paul E,Burgess,Philip M,Wells,David L,& Moss,Simon A.(2004). Impact of child sexual abuse on mental health Prospective study in males and females. *The British Journal of Psychiatry*,184(5),416 – 421.

⑦ Anda,Robert F,Whitfield,Charles L,Felitti,Vincent J,Chapman,Daniel,Edwards,Valerie J,Dube,Shanta R,& Williamson,David F.(2014). Adverse childhood experiences,alcoholic parents,and later risk of alcoholism and depression.

⑧ Brown,Susan L,Bulanda,Jennifer Roebuck,& Lee,Gary R.(2005). The significance of nonmarital cohabitation:Marital status and mental health benefits among middle-aged and older adults. *The Journals of Gerontology Series B:Psychological Sciences and Social Sciences*,60(1),S21 – S29.

转换时期采取相应的行动对于接下来的生命阶段的精神健康能够起到非常关键的影响。例如,提前进行退休规划或退休后进行一些再就业,能够显著降低老年阶段的抑郁症状发生率[1][2]。

专门关注儿童时期的话,我们发现现有的研究在儿童时期逆境经历与老年时期的精神健康的关系方面的发现还有诸多不明确之处。儿童时期的逆境经历有许多类型:可能是家庭背景和家庭关系方面的,包括经济困难、父母文盲或低教育程度、父母离婚或分居、家庭暴力、目睹家庭暴力,以及家庭至亲去世等;在体质健康和身体功能方面,可能包括有身体健康状况不佳、患有慢性疾病、残疾等;在社会和政治背景方面,可能包括有经历战争、饥荒,以及其他创伤性事件。既有研究主要根据生命历程分析框架,来探索和分析不同生命阶段的精神问题与儿童时期逆境经历的关系[3]。既有研究主要从两个角度来解释这一关系。第一种解释主要关注抑郁人格。也就是说儿童时期的逆境经历可能会养成一个人的抑郁人格,而这种人格则会贯穿人的一生[4]。另一种解释则主要基于劣势累积理论(Theory of Cumulative Disadvantage)。该理论认为童年逆境经历会转变为成年时期的低社会支持和低社会经济地位,进而进一步演变为抑郁症的风险因素[5]。

与以上研究结果相对应,其他一些学者发现童年逆境经历与成年生活中的心理健康状况并没有显著的相关关系。在一些情况下,有童年逆境经历的人甚至在成年/老年生活中有更好的心理状态。例如,有的研究发现未婚的青少年妈妈能够适应好此后的生活[6];还有的研究则发现在 20 世纪 70 年代柬埔寨战

---

[1] Topa, Gabriela, Moriano, Juan Antonio, Depolo, Marco, Alcover, Carlos-María, & Morales, J Francisco. (2009). Antecedents and consequences of retirement planning and decision-making: A meta-analysis and model. *Journal of vocational behavior*, 75(1), 38 - 55.

[2] 张丽瑶,王忠军.退休规划的研究现状和本土化发展[J/OL].心理科学进展:1 - 17[2019 - 02 - 23].

[3] Green, Jennifer Greif, McLaughlin, Katie A, Berglund, Patricia A, Gruber, Michael J, Sampson, Nancy A, Zaslavsky, Alan M, & Kessler, Ronald C. (2010). Childhood adversities and adult psychiatric disorders in the national comorbidity survey replication I: associations with first onset of DSM-IV disorders. *Archives of general psychiatry*, 67(2), 113 - 123.

[4] 彭薇.儿童期创伤经历对中国人抑郁易感人格的影响:早期适应不良图式的中介效应研究[D].武汉:华中师范大学,2017.

[5] 仲亚琴.儿童期社会经济地位与中老年健康状况的关系研究[D].济南:山东大学,2014.

[6] Black, Claire, & Ford-Gilboe, Marilyn. (2004). Adolescent mothers: resilience, family health work and health—promoting practices. *Journal of Advanced Nursing*, 48(4), 351 - 360.

争中幸存下来的人,之后会获得更强的心理韧性[1]。学者们通常通过保护性过程(protective process)和补偿性(compensatory process)过程这两个视角来解释这些结果。保护性过程视角认为一些人格韧性因素,如性格、性别、解决问题的技巧、智商、对父母的依恋度、父母教养的技能,以及同辈关系等,都能有效避免童年逆境经历对之后生活产生显著负面影响,甚至可能将负面影响逆转为积极影响[2]。而补偿性过程视角则认为,童年逆境经历对个体后期生活中抑郁症状的影响会随着时间的流逝而减弱[3]。

以上各种对于童年逆境经历与成年后抑郁症状之间的关系的争议可能是由以下两方面的原因所导致的。首先,研究者分析各类童年逆境经历的方法不同。既有研究通常将童年逆境经历看作是独立的生活事件。也就是说,这些研究要么是只关注一项或一类童年逆境经历,要么是一项一项地分析童年逆境经历。这种研究方法在很大程度上忽略了不同童年逆境经历之间的关系与协同效应,更不用说对它们进行类型学分析了。越来越多的研究表明,童年逆境经历之间是高度相关的。例如,出生在社会经济地位较低的家庭的孩子更可能会发生辍学,或体质健康较差的状况[4];目睹过或经历过家庭暴力或父母离婚的孩子更可能在青少年时期犯罪,并进而受到法律制裁[5]。因此,不同的童年逆境经历可能会同时发生,或者在生命历程中不断积累。正因为如此,就应该使用聚类的方法来分析童年逆境经历。一方面,聚类的方法能够避免过度关注某一类童年逆境经历的作用;另一方面,它也能避免对其他童年逆境经历的忽视[6]。

---

[1] Fergusson, David M, & Horwood, L John. (2003). Resilience to childhood adversity: Results of a 21-year study. In S. S. Luthar (Ed.), *Resilience and vulnerability: Adaptation in the context of childhood adversities* (pp. 130 - 155). Cambridge: Cambridge University Press.

[2] Werner, Emmy E, & Smith, Ruth S. (2001). *Journeys from childhood to midlife: Risk, resilience, and recovery*: Cornell University Press.

[3] Collishaw, Stephan, Pickles, Andrew, Messer, Julie, Rutter, Michael, Shearer, Christina, & Maughan, Barbara. (2007). Resilience to adult psychopathology following childhood maltreatment: Evidence from a community sample. *Child abuse & neglect*, 31(3), 211 - 229.

[4] 张小宁,陈爽,孟坤,林玫秀.儿童期社会经济地位与中老年健康关系的研究[J/OL].中国全科医学:1 - 6[2019 - 02 - 26].

[5] 王楚捷.家庭暴力对儿童行为影响相关问题研究[J].湖北省社会主义学院学报,2018(06):88 - 91.

[6] Kessler, Ronald C, Davis, Christopher G, & Kendler, Kenneth S. (1997). Childhood adversity and adult psychiatric disorder in the US National Comorbidity Survey. *Psychological Medicine*, 27 (05), 1101 - 1119.

　　其次,目前还很少有研究关注到在童年阶段和老年阶段之间发生的生命事件对童年逆境经历与晚年精神健康关系的影响。个体在这两个生命阶段之间发生的重要生命事件一般与社会经济地位变换有关。而现有研究在这方面的局限也可能是导致相关争议性结论的重要原因之一。在中国,城镇化是过去四十年中导致农村人口发生社会经济地位改变的最重要的社会背景。对于农村居民来说,获得一个城镇户口不仅仅意味着有更好的社会资源和更高的福利待遇,还意味着脱离了带有严重社会歧视性色彩的"农村土气"①。由于有更好的就业机会和更高的收入,甚至居住在城镇地区但却未获得城镇户口也是一种比一直待在农村更好的社会身份地位。对于当前中国的老年人口来说,城镇化是发生在他们童年阶段之后且成为老年人口之前的社会变革。因此,在研究中将发生在城镇化过程中的社会身份转变考虑在内,是理解童年逆境经历与晚年生活中的抑郁症状的关系的很好的途径。

　　还应引起注意的是,尽管有些与家庭相关的童年逆境经历与成年或老年时期的抑郁症状有特别密切的关系,但这些特别的影响可能只存在某些特定的社会和文化背景中②。例如,在上世纪 70 年代末改革开放前,中国社会对待婚姻的态度还是相当保守的,这使得我国当时的离婚率非常之低,农村地区尤其如此。因此,对于目前的中国农村老年人来说,极少人经历过父母离婚这一童年逆境经历。另外,在当代历史中,我国直至改革开放后才拥有了较为稳定的社会和政治发展环境。也就是说,持续的战争和政治动乱可能会加剧自然灾害等对个体健康的影响,进而导致大的饥荒。发生于 1959 至 1961 年间的"三年自然灾害"即是一例。国内外学者关于此次大规模饥荒中的死亡人数已有诸多研究,一个普遍的共识是此次饥荒导致了相当大规模的人口缩减和出生推迟。因此,在考察当前中国社区老人的童年逆境经历时,灾荒经历应该作为一个重要研究变量。

　　同时,对于老龄人口来说,早年生活阶段中发生的社会经济地位变化也能

①　Wang, Fei-Ling. (2005). *Organizing through Division and Exclusion: China's Hukou System*. Stanford: Stanford University Press.

②　Green, Jennifer Greif, McLaughlin, Katie A, Berglund, Patricia A, Gruber, Michael J, Sampson, Nancy A, Zaslavsky, Alan M, & Kessler, Ronald C. (2010). Childhood adversities and adult psychiatric disorders in the national comorbidity survey replication I: associations with first onset of DSM-IV disorders. *Archives of General Psychiatry*, 67(2), 113–123.

对晚年的精神健康产生显著的影响。根据 Luo and Waite（2005）的研究发现，一方面，儿童和成年时期的社会经济地位会对晚年的精神健康产生重要影响；另一方面，如果儿童时期的家庭社会经济地位低的话，它对晚年精神健康的负面作用可以被成年时期更高的社会经济地位的积极影响所抵消①。

（二）老年人口精神健康的家庭环境背景

老年人口中的诸多精神健康问题都与家庭背景因素有关②，最直接的关系就是多种精神障碍的遗传性。包括抑郁症在内，许多精神疾病都具有遗传的特性，也就是说它们可能会通过基因从父辈遗传给子代。然而，在导致精神障碍的病因方面，到底是环境因素更重要，还是遗传因素更重要，现有研究还未有确定的结论③。

一些学者界定了家庭关系方面对于个体精神和体质健康的风险性因素。具有这些风险性因素的家庭的特征包括：具有攻击性、关系冷淡、缺乏互相支持，以及家庭成员之间互相漠视④。研究者认为这些负面的特征会导致个体在精神方面的脆弱性，并可能会与个体在精神健康基因中的脆弱之处产生交互作用，进而损害他们与应对压力相关的生物调节系统的功能，并导致他们产生健康行为方面的问题，如药物滥用和酗酒等。其他的一些研究结果也表明，家庭在生物基因和行为方面的综合性特征与个体在精神障碍、主要慢性疾病，以及过早死亡等健康结果都有显著关系⑤。

并且，家庭居住安排既可能是家庭关系的影响因素，同时还可能是家庭关

① Luo，Ye，& Waite，Linda J.（2005）. The impact of childhood and adult SES on physical，mental，and cognitive well-being in later life. The Journals of Gerontology Series B：Psychological Sciences and Social Sciences，60(2)，S93 – S101.
② 王昭茜，翟绍果.老年人精神健康的需求意愿、影响因素及社会支持研究[J].西北人口,2018,39(05):103 – 111.
③ Kendler，Kenneth S，Walters，Ellen E，Neale，Michael C，Kessler，Ronald C，Heath，Andrew C，& Eaves，Lindon J.（1995）. The structure of the genetic and environmental risk factors for six major psychiatric disorders in women：Phobia，generalized anxiety disorder，panic disorder，bulimia，major depression，and alcoholism. Archives of General Psychiatry，52(5)，374 – 383.
④ Repetti，Rena L，Taylor，Shelley E，& Seeman，Teresa E.（2002）. Risky families：family social environments and the mental and physical health of offspring. Psychological Bulletin，128(2)，330.
⑤ Sander，JanayB，& McCarty，CarolynA.（2005）. Youth Depression in the Family Context：Familial Risk Factors and Models of Treatment. Clinical Child and Family Psychology Review，8(3)，203 – 219.

系的结果,从而会对老年个体的精神健康产生重要的影响①②。虽然不同国家关于老年人的家庭居住安排的文化不尽相同,但与配偶及成年子女家人共同居住,通常意味着一种较为成功的老龄化类型,在东亚国家中尤其如此③。关于这个现象,我们可以从实用主义角度和文化角度对相关原因进行解释。首先,从实用主义角度来看,与其他家人共同居住能够较好地保证情感和物质支持。也就是说,在一个非独居的家庭中,老年人更可能获得被需要和被爱的感觉,以及安全感和情绪稳定性④。此外,从文化角度来看,诸如我国的传统儒家文化,就积极鼓励多代共同居住且保持家庭成员间的和谐关系⑤。但与此同时,一些研究发现多代的家庭成员共同居住也可能会影响老年人的情绪健康。某些生活压力事件,如照护压力和家庭矛盾等,更可能发生在一个多代共住的家庭中,而它们都会导致老年家庭成员在精神健康方面更差的结果⑥。

　　家庭环境因素影响老年人精神健康的另一个重要机制是家庭的社会经济地位。根据 Louis and Zhao（2002）的研究,家庭的社会经济地位在很大程度上决定了儿童的精神健康,并且这种影响会一直持续至成年及老年的阶段⑦。根据相关研究文献,家庭经济困难与较差的精神健康显著相关。但是,家庭经济情况富足也不一定会导致更好的精神健康。一些研究提出,并非家庭经济资源本身,而应该是家庭经济资源使用的方式会影响人们的精神健康⑧。

　　在我国当下,与老年人精神健康密切相关的家庭环境因素已经被快速推进的城镇化深刻改变,而改变的最主要方面就是家庭居住安排,即家庭成员之间

① Ye，Minzhi，& Chen，Yiwei.（2014）. The influence of domestic living arrangement and neighborhood identity on mental health among urban Chinese elders. *Aging & mental health*，18（1），40－50.

② 许琪.居住安排对中国老年人精神抑郁程度的影响——基于 CHARLS 追踪调查数据的实证研究[J].社会学评论,2018,6(04):47－63.

③ Zhan，Heying Jenny.（2004）. Willingness and expectations：Intergenerational differences in attitudes toward filial responsibility in China. *Marriage & Family Review*，36(1－2)，175－200.

④ 孙涛,王素素,梁超.一碗汤的距离:代际养老中合意居住安排的实证分析[J].中国经济问题,2018(04):62－75.

⑤ Bian，Fuqin，Logan，JohnR，& Bian，Yanjie.（1998）. Intergenerational relations in urban China：Proximity，contact，and help to parents. *Demography*，35(1)，115－124.

⑥ 刘燕.制度化养老、家庭功能与代际反哺危机[D].上海:华东理工大学,2014.

⑦ Louis，Vincent V，& Zhao，Shanyang.（2002）. Effects of family structure，family SES，and adulthood experiences on life satisfaction. *Journal of Family Issues*，23(8)，986－1005.

⑧ 孔凡磊,艾斌,王硕,杨素雯,星旦二.城市老年人的社会经济地位、精神健康与长期照护需求之关系研究——以中国吉林省延吉市为例[J].延边教育学院学报,2014,28(01):24－28.

的空间分隔。现有文献记录了许多关于家庭成员的空间分隔对老人精神健康的影响[1]。然而,相关研究在发展中国家做的还相对较少[2],并且发展中国家在家庭成员分离的原因、家庭结构形式,以及老年人的经济和文化特质等方面都与发达国家有所不同。在我国的城镇化过程中,由于人口大量从农村流向城镇地区,这导致了数以亿计的青年劳动力与他们的家庭成员的空间分离。这主要表现为农村"空巢家庭"和"隔代家庭"的大量涌现[3]。中国农村传统的家庭居住安排的主要特点是多代共居,现实中是传统的家庭居住安排已发生根本性的改变。一方面是对经济资源的更加看重,另一方面是传统家庭价值观的式微,这都对我国老年人口的精神健康造成了深刻的影响。在公共服务和福利体系尚不发达的我国农村地区,尤其如此。

既有文献主要从资源视角来看待子代流入城镇地区对于农村留守老人的影响。也就是说,子代的流出会削弱农村社区老人日常生活中的非正式支持[4]。此类非正式支持一般包括:工具性支持(如家务劳动和个人照护中搭把手等)、金钱和实务支持,以及情感支持。子代迁出对这些日常非正式支持的影响是多方面的。首先,由于子代的离开,老人获得的工具性支持会被大幅度削弱。根据现代化与老龄化理论,城镇化与工业化和老年照护资源的减少密切相关。这主要是因为代际之间的地理距离增加,以及家庭观念的减弱[5]。其次,由于汇款的增多,老年人获得的来自迁出子女的金钱和实物支持会增加。在我国及其他一些亚洲国家,因为家庭集体主义和孝道观念的影响依然非常强有力,迁出的子女会通过定期寄回汇款来弥补不能在家尽孝的缺憾[6][7]。第三,在

① 郑莉,李鹏辉.社会资本视角下农村留守老人精神健康的影响因素分析——基于四川的实证研究[J].农村经济,2018(07):114-120.

② Guo,Man,Aranda,Maria P,& Silverstein,Merril.(2009).The impact of out-migration on the inter-generational support and psychological wellbeing of older adults in rural China. *Ageing and Society*,29(7),1085.

③ 杜鹏,丁志宏,李全棉,桂江丰.农村子女外出务工对留守老人的影响[J].人口研究,2004(06):44-52.

④ 魏利娇,李晨阳,曹玉迪,胡悦,刘珂嘉,刘彦慧,张春梅.农村留守老人生命质量[J].中国老年学杂志,2019,39(01):230-233.

⑤ Kuhn,Randall S.(2005).A longitudinal analysis of health and mortality in a migrant-sending region of Bangladesh. In S. Jatrana, M. Toyota & B. S. A. Yeoh(Eds.),*Migration and health in Asia*(pp.177).New York:Routledge.

⑥ Imai,Katsushi S,Gaiha,Raghav,Ali,Abdilahi,& Kaicker,Nidhi.(2014).Remittances,growth and poverty:New evidence from Asian countries. *Journal of Policy Modeling*,36(3),524-538.

⑦ 郑玮.优势视角下农村留守老人养老困境及对策研究[J].改革与开放,2018(07):101-102.

子代迁出后,他们对老人的情感支持有无变化方面,既有研究还没有统一的发现。一方面,一些研究证明子代迁出会降低留守老人的情感支持并使他们更容易受到压力事件的损害,从而降低体质和精神健康水平,引发诸如高血压、抑郁症等病症[1][2]。另一方面,还有一些研究基于东亚的社会文化背景,调查发现家庭的情感联系并未随子代的迁出而削弱。这主要有两方面的原因。一是子女的地理位置可能并不能代表他们对老年父母的支持:住得近的子女也可以不孝,离得远的子女也可能会很孝顺。研究在实际调查中发现,大多数迁出的子女都会通过电话联系等方式,为老年父母提供远距离的情感支持[3]。二是,未迁出的子女和其他家庭成员可能会弥补由子女迁出所造成的情感支持损失。Guo et al.(2009)提出,应该以一个整体性的视角去考察由子女迁出而给农村老人情感上带来的影响。事实上,大多数亚洲老年人都会选择居住在距离至少一个子女近的地方,并且未迁出的子女会为老人提供情感支持。所以,子代迁出可能会改变以下几个要素,进而影响到农村留守老人的精神健康,即:老人所获得的工具性支持、金钱支持、情感支持。但这几种影响路径的重要性和方向性可能是不同的。

(三) 老年人口精神健康的社区环境背景

既有研究普遍认为社区层面的要素对老年人口的精神健康有着显著的影响。这些社区环境因素一般包括:社区建成环境、社区社会经济地位,以及社区团结程度。

首先,社区建成环境会通过或直接或间接的方式影响精神健康[4]。直接的影响表现在诸如高企的房屋价格、低质量的住房条件、不合理的社区设计、噪声、可步行程度低、空气污染、居住空间拥挤,以及缺乏日照等方面[5]。而间接

① 赵庆玲.农村留守高血压患者知晓率、治疗率、达标率及危险因素的调查分析[J].泰山医学院学报,2016,37(12):1453.

② 张泽皓.子女外出务工对留守父母身心健康的影响[D].北京:首都经济贸易大学,2018.

③ Kreager, Philip. (2006). Migration, social structure and old-age support networks: A comparison of three Indonesian communities. *Ageing and Society*, 26(01), 37 – 60.

④ Evans, Gary. W. (2003). The built environment and mental health. *Journal of Urban health*, 80(4), 536 – 555.

⑤ Araya, Ricardo, Dunstan, Frank, Playle, Rebecca, Thomas, Hollie, Palmer, Stephen, & Lewis, Glyn. (2006). Perceptions of social capital and the built environment and mental health. *Social Science & Medicine*, 62(12), 3072 – 3083.

的影响主要来自建筑环境与个人控制之间的关系、社会支持体系,以及是否能从压力和疲惫中恢复[①]。这些重要的联系会进一步影响包括老人在内的社区居民的心理福祉。根据 Evans(2003)的观点,社区建成环境对心理健康的影响是显著存在的,并独立于压力事件对个体的影响,如贫困和生活负面事件。

其次,较低的社区社会经济地位也会对个体的精神心理健康造成负面影响。社会经济地位低的社区往往有贫困率、犯罪率和失业率较高的特征。大量研究表明,这些社区特征与抑郁症和焦虑症等精神障碍有显著相关性[②]。尽管与个人和家庭社会经济地位相比,与社区社会经济地位相关的因素对个体精神心理健康的影响要小,但它们可能会加剧个人压力事件的负面作用,并会损害社区居民之间形成的关系纽带[③]。并且,由于个体的人格特征各不相同,较低的社区社会经济地位对社区居民的影响也是不同的。通常,低社区社会经济地位意味着社会和公共资源不足,这其中也包括精神健康资源的匮乏,而这会进一步影响居民的精神健康[④]。

另外,社区凝聚力也是影响老年人口精神健康的一项重要指标。社区凝聚力代表了社区居民互相联系和互相支持的程度和方式,它与社会支持和社会资本密切相关[⑤]。在实际生活中,它通常指的是社区中非正式的社会纽带。根据 Gapen 等学者(2011)的研究,社区凝聚力低可能会加剧有创伤后压力障碍患者的症状;而社区凝聚力高则可能会缓冲各类风险事件对社区居民精神健康所产生的压力。值得关注的是,社区凝聚力是社区中友谊和熟悉程度提升的结果,并会降低居民之间的陌生程度。并且,社区中的志愿者组织是提升社区凝聚力的主要力量。

在我国农村地区,老年人口精神健康的社区环境背景主要是由城镇化导致

---

① Northridge, MaryE., Sclar, ElliotD., & Biswas, Padmini. (2003). Sorting out the connections between the built environment and health: A conceptual framework for navigating pathways and planning healthy cities. *Journal of Urban Health*, 80(4), 556 – 568.

② Hill, Terrence D, Ross, Catherine E, & Angel, Ronald J. (2005). Neighborhood disorder, psychophysiological distress, and health. *Journal of Health and Social Behavior*, 46(2), 170 – 186.

③ Cutrona, Carolyn E, Wallace, Gail, & Wesner, Kristin A. (2006). Neighborhood characteristics and depression an examination of stress processes. *Current Directions in Psychological Science*, 15(4), 188 – 192.

④ Mickus, Maureen, Colenda, Christopher C, & Hogan, Andrew J. (2014). Knowledge of mental health benefits and preferences for type of mental health providers among the general public.

⑤ 王辉. 社区老年人社会资本测量指标的研究[D].合肥:安徽医科大学,2013.

的土地流转所型塑的。过去四十年来,我国城镇化的主要特征就是农村中土地的"城镇化",即大量农村土地被征收来满足非农业用途[①]。在 2000 年至 2011年间,我国城市面积增长了 74.6%。并且,国务院在 2014 年颁布的《国家新型城镇化规划(2014—2020 年)》中明确指出,要在 2020 年时实现新增城镇人口 1亿的目标,且要加速建设更多拥有现代基础设施的小城镇和中小城市。这就意味着在不久的将来会有更多农村土地将被征收。

自 20 世纪 80 年代以来,我国农村的土地征收一直保持着相当大的规模。而与此同时,农业占经济比重的下降和地方财政的压力又催生了建设"开发区"的热潮。我国独特的土地制度使土地征收成为了一种"政府行为"。也就是说,一方面,我国政府拥有国内所有土地的所有权,可以依法按照特定的补偿措施从个人手中获得土地。而另一方面,农民只拥有由村集体所分配的土地的使用权。因此,从法律角度来看,国家是从村集体而非农民的手中征收土地。被征收的土地的使用权之后会根据市场价格进行售卖,而所获得的收益归政府所有。收益中的一部分会被分配给村集体作为征地补偿款,而村集体会将这笔相关款项发放给被征地的具体个人。千百年来,耕地都是农民们生活的"命根子",失去耕地意味着他们在职业、收入、生活和交流方式上都必须进行根本上的变化。与此同时,征地还会通过改变农村社区环境来对个体施加影响。被征用的土地主要是用来进行房地产开发、基础设施建设和进行工业发展[②]。因此,伴随征地过程的通常会是在相关农村社区中,基础设施的提升和非农产业在整个经济中的比重的上升。农村社区的现代化还会反映在社会层面:房地产开发会吸引城镇居民来定居,从而改变社区的居民结构和居住方式;产业机构的转变会带来公共服务的提升;社区居民收入的提高,以及接触更多的城市文化和生活方式,会让他们逐步改变传统的社交方式。这些变化的结果就是:自给自足的小农经济式微,而基于市场的非农产业得到蓬勃发展;传统的熟人社会瓦解,而基于兴趣爱好和互助精神的基层社区组织开始遍地开花。中国农村社区在这些物质和社会层面的改变会显著地影响到社区居民的精神健康。

由城市扩张所导致的社区重构会否对个体的精神健康产生影响,现有文献对此问题莫衷一是。一方面,农村社区重构会带来更有压力的生活方式、环境

---

① 黄征学.我国城镇化进程中的土地制度变迁[J].宏观经济管理,2018(11):33－42.
② 段雪翠.城镇化进程中的征地问题研究[D].北京:中国地质大学(北京),2018.

污染,以及对新环境的适应过程会造成精神压力[1][2]。但从另一方面来看,它也可能会通过增加居民的就业机会和促进人和资本的流动,对人们的精神健康产生积极影响[3]。或者,它还可能与社区居民个体的精神健康无显著相关关系[4]。并且,现有相关研究对发展中国家的关注还比较少,而发展中国家的城市扩张模式,以及随之而来的社区重构,都与发达国家在驱动力和受影响人口的社会经济地位等方面都有较大的区别[5]。因此,基于西方发达国家的研究发现很难推及到我国。还应注意的是,农村社区的重构过程是在全球人口老龄化的大背景下发生的。由于发展中国家中快速的老龄化进程,建立高效的公共卫生应对策略以降低老年人的抑郁症状,理应成为农村社区重构项目和政策的重点。

三、老年群体中的精神障碍问题及其不良影响

各种精神疾病的发病率可能会随着年龄的增加而变高,并且,还有一系列与年龄相关的社会因素会导致精神健康问题的产生。根据 Phillips 等人(2009)在中国的研究,DSM-IV 标准 I 轴类精神障碍在我国 18—39 岁、40—54 岁,以及 55 岁以上人群中的发病率分别为:12.51%、23.23% 和 24.04%。在我国老龄人口中,发病率最高的几类精神障碍是:①情绪障碍,如抑郁症;②焦虑障碍,如惊恐性障碍和创伤后精神紧张性精神障碍;③物质滥用障碍,主要包括酒精滥用;④精神病性障碍,如精神分裂症[6]。但与此同时,一些研究认为我国

① 王娜.农村征地中失地农民的社会剥夺研究:原理与案例[D].重庆:重庆大学,2017.
② Chen, Juan, Chen, Shuo, & Landry, Pierre F. (2013). Migration, environmental hazards, and health outcomes in China. *Social Science & Medicine*, 80, 85-95.
③ Fraser, Cait, Jackson, Henry, Judd, Fiona, Komiti, Angela, Robins, Garry, Murray, Greg, Hodgins, Gene. (2005). Changing places: the impact of rural restructuring on mental health in Australia. *Health & Place*, 11(2), 157-171.
④ Sturm, Roland, & Cohen, Deborah A. (2004). Suburban sprawl and physical and mental health. *Public health*, 118(7), 488-496.
⑤ Cohen, Barney. (2004). Urban growth in developing countries: a review of current trends and a caution regarding existing forecasts. *World Development*, 32(1), 23-51.
⑥ Phillips, Michael R, Zhang, Jingxuan, Shi, Qichang, Song, Zhiqiang, Ding, Zhijie, Pang, Shutao, Wang, Zhiqing. (2009). Prevalence, treatment, and associated disability of mental disorders in four provinces in China during 2001-05: an epidemiological survey. *The Lancet*, 373(9680), 2041-2053.

的各种精神障碍的发病率被低估了,这一问题尤其存在于老年人口当中①。在老龄化的过程中,会不断出现各种影响精神健康的风险性因素,越来越多的研究对这些因素进行了关注。

首先,体质健康和功能水平的下降可能会提升社会风险因素对精神健康的影响。现有文献一致发现,随着年龄的升高,个体的体质健康和功能水平会显著下降。这主要表现为慢性疾病(如高血压和糖尿病)的患病率和发生率的提高、听觉和视觉功能的衰退,以及日常生活活动(ADL)和工具性日常生活活动(IADL)出现障碍等。值得注意的是,体质健康和功能水平的下降通常意味着个体对照护需求的增加和更多地依赖他人。对于跌倒后在 ADL 和 IADL 方面出现障碍,以及发生中风和心肌梗塞的中老年人来说,尤其如此。在身体功能水平方面的迅速下降会大大伤害老人们的自我效能感,进而引发抑郁②。还应关注的一个因素是,成年个体的健康水平往往与其配偶的健康水平紧密相关。基于此,关注功能和体质健康与精神健康之间关系的研究就不应该只考察被研究对象,还应将他们的配偶的状况考虑在内。一些研究表明,配偶的失能和慢性疾病状况会引发中老年人的抑郁症状③④。

其次,丧亲之痛也是老年人患抑郁症的重要风险因素之一。在中老年人的老龄化的过程中,失去至亲(如配偶或其他亲密的家庭成员、朋友,甚至或是宠物等)通常是不可避免的。丧亲之痛经常会导致老人在心理上和肢体功能上出现缺损。在大多数情况下,在丧亲一段时间过后,老人的情绪会最终重获平衡。但也会发生一些情况,比如老人其的情绪问题变得非常严重,并最终演化成复杂性哀伤或延续型哀伤障碍⑤。研究表明,复杂性哀伤和边缘型复杂性哀伤在

① Yang,Lawrence Hsin,& Kleinman,Arthur.(2008).'Face' and the embodiment of stigma in China:The cases of schizophrenia and AIDS. *Social science & medicine*,67(3),398 - 408.

② Hellstrom,Karin,Lindmark,Birgitta,Wahlberg,Birgit,& Fugl-Meyer,Axel R.(2003).Self-efficacy in relation to impairments and activities of daily living disability in elderly patients with stroke:a prospective investigation. *Journal of Rehabilitation Medicine*,35(5),202 - 207.

③ Fultz,Nancy H,Jenkins,Kristi Rahrig,φstbye,Truls,Taylor,Donald H,Kabeto,Mohammed U,& Langa,Kenneth M.(2005).The impact of own and spouse's urinary incontinence on depressive symptoms. *Social Science & Medicine*,60(11),2537 - 2548.

④ 高敏,李延宇.不同婚姻状况老年人心理抑郁程度的影响因素分析与差异分解[J].老龄科学研究,2016,4(02):31 - 40.

⑤ Kersting,Anette,Brähler,Elmar,Glaesmer,Heide,& Wagner,Birgit.(2011).Prevalence of complicated grief in a representative population-based sample. *Journal of Affective Disorders*,131(1),339 - 343.

丧亲的中老年人群中的发生率可分别达到 2.4% 和 22.7%[1]。同时,包括与逝世者的关系、社会支持的程度、故去时的环境,以及之前的精神状态等因素,都会显著影响老人在失去亲人后的精神健康。

第三,在老龄化过程中社会经济地位(SES)的下降也可能会增加老年人患抑郁症的风险。社会经济地位的测量指标通常包括教育、收入和职业,而现实中个体在这些方面的差异意味着在获取和分配各种社会资源的能力的不平等。在晚年时,绝大多数的人都会在这三项指标中经历不同程度的下降。尤其是人们在退休后,收入和职业地位都会经历大幅度的下降。统计数据表明,老年人口中的贫困发生率较之其他年龄群体要高,而其中的女性老人则尤其处于弱势地位[2]。在我国,老年人口的贫困率是全人群的贫困率的三倍之多[3]。一系列因素会导致老龄化过程中的经济弱势,包括:高额的医药和照护开支、退出就业市场、失去生活支持者,以及有限的收入来源等[4]。

大量的研究文献表明,晚年生活中较低的社会经济地位与各类精神健康问题的出现显著相关。例如,退出就业市场通常会伴随着老人自我效能感的下降,进而会进一步导致慢性压力的产生[5];较低的社会经济地位还会带来晚年生活中较低的生活满意度,并且,收入比教育水平更与生活满意度相关[6]。

良好的精神健康状态是人类健康和福祉的重要组成部分。它使人们有能力去做自己认为有价值的事情、成为自己认为有价值的人。因此,包括抑郁症状在内的精神健康问题会对人们的生活造成不良的后果。当个体的抑郁症状达到一定的强度和频率时,他们就会被诊断为临床上的抑郁症。抑郁症会影响

---

[1] Fujisawa, Daisuke, Miyashita, Mitsunori, Nakajima, Satomi, Ito, Masaya, Kato, Motoichiro, & Kim, Yoshiharu. (2010). Prevalence and determinants of complicated grief in general population. *Journal of Affective Disorders*, 127(1), 352 – 358.

[2] 乐章,刘二鹏.家庭禀赋、社会福利与农村老年贫困研究[J].农业经济问题,2016,37(08):63 – 73.

[3] 孙文中,刁鹏飞.生命历程与累积劣势:农村老年贫困人口的健康风险研究[J].学术探索,2018(12): 62 – 68.

[4] Gornick, Janet C, Munzi, Teresa, Sierminska, Eva, & Smeeding, Timothy M. (2009). Income, assets, and poverty: Older women in comparative perspective. *Journal of Women, Politics & Policy*, 30(2 – 3), 272 – 300.

[5] Butterworth, Peter, Gill, Sarah C, Rodgers, Bryan, Anstey, Kaarin J, Villamil, Elena, & Melzer, David. (2006). Retirement and mental health: analysis of the Australian national survey of mental health and well-being. *Social Science & Medicine*, 62(5), 1179 – 1191.

[6] Pinquart, Martin, & Sörensen, Silvia. (2003). Differences between caregivers and noncaregivers in psychological health and physical health: a meta-analysis. *Psychology and Aging*, 18(2), 250.

个体的工作、睡眠、学习、饮食和生活娱乐[①]。既有研究表明,抑郁症是影响老年人口健康的一个重要公共卫生问题,它会进一步导致老年人的体质健康问题、功能衰退、行为问题,以及社会关系问题等[②]。

抑郁症还会通过影响人体的消化、免疫、血管和神经系统来与一系列身体疾病产生共病。它会影响人们的食欲,并增加饮食紊乱的危险。过度饮食或是毫无食欲都会导致诸多健康问题,例如肥胖症、II 型糖尿病、胃病、痉挛、便秘和营养不良,并且这些疾病的症状可能难以通过药物得到缓解[③]。抑郁症会削弱人类的免疫系统,增加罹患各种感染和疾病的风险[④]。它还会使心率加速并堵塞血管,长期患病的话会导致心脏疾病[⑤]。并且,通过影响神经系统,抑郁症还会导致头痛、慢性肢体疼痛,以及其他药物难以缓解的疼痛[⑥]。

根据世界卫生组织的报告,抑郁症是世界上第二大致残因素。它会带来巨大的痛苦,并导致日常生活中的功能损伤,这些问题尤其会出现在老年人口当中。研究证明,有抑郁症状的老年人不仅更容易发生功能障碍,还会比患有肺病、高血压、糖尿病等慢性疾病的老人有更低的功能水平[⑦]。抑郁症和慢性肢体疾病发生共病对于有功能问题的人来说有特别的危害[⑧]。世界卫生组织的研究报告还发现,抑郁症也会降低人们的自评健康水平,提高对医疗服务的使用频率和医疗花费。与此同时,数据显示抑郁症是全球疾病负担排名第二的疾病,在失能生活年数和因失能而调整生活的年数中,以重度抑郁症(MDD)为致

[①] American Psychiatric Association. (2013). *Diagnostic and statistical manual of mental disorders*. Arlington: American Psychiatric Publishing.

[②] 孙子科技木,雷铖,张宝露,陈卓园园,鞠梅.泸州市老年人的社会支持与抑郁发生的相关性[J].中国老年学杂志,2019,39(04):933-935.

[③] Stice, Eric, & Shaw, Heather. (2004). Eating disorder prevention programs: a meta-analytic review. *Psychological Bulletin*, 130(2), 206.

[④] 继中.肠易激综合征合并抑郁症状患者炎症反应机制[D].济南:山东大学,2018.

[⑤] Musselman, Dominique L, Evans, Dwight L, & Nemeroff, Charles B. (1998). The relationship of depression to cardiovascular disease: epidemiology, biology, and treatment. *Archives of general psychiatry*, 55(7), 580-592.

[⑥] Hooten, W Michael, Shi, Yu, Gazelka, Halena M, & Warner, David O. (2011). The effects of depression and smoking on pain severity and opioid use in patients with chronic pain. *PAIN*, 152(1), 223-229.

[⑦] World Health Organization. (2012). Mental Health Atlas-2011. Geneva.

[⑧] Egede, Leonard E. (2004). Diabetes, major depression, and functional disability among US adults. *Diabetes Care*, 27(2), 421-428.

因的占了 85%①。根据 Reddy（2010）的研究,在发展中国家中,抑郁症对身体功能的负面影响尤为显著②。

抑郁症与诸多行为健康问题显著相关。如果对其听之任之而不进行有效治疗的话,它可能会最终导致人们自杀。在各个年龄段中,老年人的自杀率最高。世界各国的统计数据表明,高达 90% 的老年人自杀事件或自杀行为都与抑郁症有密切的关联③。因此,许多研究建议应对长期患有抑郁症的老年人予以特殊关注。除此之外,抑郁症还可能导致其他一些自残自伤行为,如刀割或火烧自己以产生疼痛感等④。患有抑郁症的人还更可能染上物质滥用。根据 Nunes 和 Levin（2004）的研究,为了减缓症状,抑郁的个体倾向于给自己配药或酗酒,进而发生物质滥用的问题⑤。其他的一些鲁莽行为,如酒驾、不洁性行为等,在抑郁症人群中的发生率也显著更高⑥。总而言之,由抑郁症导致的各种行为健康问题会进一步引发其他严重的公共健康问题。

患抑郁症的个体还在社会和家庭关系方面更容易出现问题。一方面,由于有种种激越和鲁莽行为,抑郁症患者更可能会对家人和朋友发泄暴力过激情绪,而这将导致他们的关系紧张⑦。对于更为依赖家庭关系的老年人口来说,如果产生了家庭或是代际之间的矛盾,将尤为显著地影响他们的身心健康⑧。另一方面,患抑郁症的个体还可能走向另一个极端,即完全封闭孤立自己⑨。

① Ferrari, Alize J, Charlson, Fiona J, Norman, Rosana E, Patten, Scott B, Freedman, Greg, Murray, Christopher JL, Whiteford, Harvey A. (2013). Burden of depressive disorders by country, sex, age, and year: findings from the global burden of disease study 2010. *PLoS Medicine*, 10(11), e1001547.

② Reddy, M. S. (2010). Depression: the disorder and the burden. *Indian journal of psychological medicine*, 32(1), 1.

③ 刘阳洋. 农村自杀遗族的悲伤辅导与自杀干预研究[D].大连:大连医科大学,2014.

④ Martinez, Carlos, Rietbrock, Stephan, Wise, Lesley, Ashby, Deborah, Chick, Jonathan, Moseley, Jane, Gunnell, David. (2005). Antidepressant treatment and the risk of fatal and non-fatal self harm in first episode depression: nested case-control study. *BMJ*, 330(7488), 389.

⑤ Nunes, Edward V, & Levin, Frances R. (2004). Treatment of depression in patients with alcohol or other drug dependence: a meta-analysis. *JAMA*, 291(15), 1887 - 1896.

⑥ 杜江,赵敏,谢斌.精神障碍与物质滥用的共病[J].国际精神病学杂志,2006(02):96 - 99.

⑦ 王梅,杨开仁,金庞.认知行为治疗对抑郁症患者疾病认知、心理健康水平及应对方式的影响[J].中国现代医生,2019,57(01):83 - 86.

⑧ 吴萍,张先庚,王红艳,谢汶倚.成都市养老机构老人抑郁现状与对策[J].中国老年学杂志,2018,38(21):5322 - 5325.

⑨ 胡宓. 社会联系、社会支持与农村老年人情绪问题相关研究[D].长沙:中南大学,2012.

从长期来看,抑郁症会使人们在情绪、精神和身体上都产生巨大的消耗,让朋友和家人都难以接近。它的负面作用还体现在生活满意度、工作满意度和工作绩效,以及认知功能等方面[1][2]。

四、我国农村老年人的情绪问题与精神健康状况

中国农村人口的心理健康问题是重大的公共卫生问题。自 20 世纪 80 年代以来,我国开展了两项全国性的精神疾病流行病学调查,即 1982 年中国十二个地区的精神疾病流行病学研究和 1993 年中国七省的精神疾病流行病学研究。利用国际疾病分类标准—9(ICD-9),这两项研究分别得出中国农村精神疾病的患病率为 9.88‰ 和 11.61‰[3]。应用相同的筛查工具,一些地方性的流行病学调查记录了某一个地区或某一省的农村人口晚年的精神疾病流行率:1995 年汕头市的调查报告为 14.06‰[4];2000 年中山市的调查报告为 27.52‰[5];2002 年江西省的调查报告为 32.85‰[6];2006 年广州市的调查报告为 37.30‰[7]。根据这些全国性和地方性的流行病学调查,可得出中国农村地区老年人的精神疾病患病率逐渐升高的大致趋势。

同时,还应特别关注中国城乡人口的心理健康差异。基于诊断和统计手册(DSM)-IV 轴 I 障碍所进行的结构化临床访谈,Phillips 等(2009)在 2001 年至 2005 年间在中国的四个省进行了一项精神障碍流行病学调查。该调查的抽样框架包括中国 12% 的成年人口。该研究报告称,重度抑郁症、心境恶劣障碍、

---

[1] Moon,Tae Won,& Hur,Won-Moo. (2011). Emotional intelligence,emotional exhaustion,and job performance. *Social Behavior and Personality:an international journal*,39(8),1087 – 1096.

[2] 那万秋、陈海支、李建华、陈科、薛亮、陈丽娟.老年期抑郁症患者认知功能及日常生活能力的相关研究[J].中国现代医生,2019(03):61 – 63.

[3] 黄悦勤.我国精神障碍流行病学研究现状[J].中国预防医学杂志,2008(05):445 – 446.

[4] 林勇强、张献共、赵虎、陈平周、庄希航、赵月青、陈静芳、王妙君、郭亮亮、朱少毅、罗开林.汕头市精神疾病流行病学调查[J].中华精神科杂志,1998(02):63.

[5] 胡季明、李真、陈贻华、周湘梅、马宇行、黄海峰、严惠然、王向林、关莲英、王文波.广东中山市精神病流行病学调查[J].中国神经精神疾病杂志,2002(06):456 – 458.

[6] 陈贺龙、胡斌、陈宪生、邹国华、卢小勇、周平良、涂远亮、魏波、余雪虎、李侃、邹圣军、李正春、吴书华、匡奕华、刘平、刘增裕、陈点火、刘快发、周国治、李春芳、朱安雄.2002 年江西省精神疾病患病率调查[J].中华精神科杂志,2004(03):52 – 55.

[7] 郁俊昌.广州地区城乡居民精神疾病流行病学调查[D].广州:广州医学院,2010.

酒精依赖和其他类别的精神障碍(包括躯体形式障碍、适应障碍和疑病症等)的患病率在农村明显高于城市[①]。广州、江西、河北和浙江的地区性研究也报告了我国农村地区有更高的精神疾病流行率[②]。

研究我国农村老人的精神健康问题具有重要的社会意义。如今我国已进入人口快速老龄化阶段,而且大部分老年人口分布在农村地区。相对于城镇地区而言,农村的医疗服务水平较低、基础设施较差、养老金覆盖率和保障水平更低、农民经济收入不高,这些因素都影响了农村老年人的生活质量,进而影响到他们的精神和情绪健康。根据诸多全国性的调查数据,当前我国农村老年人口的情绪问题凸显,精神健康状态不容乐观。根据由北京大学国家发展研究院主持的中国健康与养老追踪调查(China Health and Retirement Longitudinal Study,CHARLS),我们可以从社会支持网络、闲暇时间活动和抑郁症状这几个方面来大致分析当前我国农村老人的情绪问题和精神健康。

首先,在社会支持网络方面。社会支持网络可以帮助老年人维持社会身份并且获得物质和情感支持,以及服务、信息与心得社会接触。因此,根据社会关系理论,老年人的社会支持越充分,他们就越能够应付好各种外在环境的挑战和内在功能的衰退。CHARLS 数据调查了老年人遇事倾诉的对象,该指标可以反映农村老人获取社会支持的途径,以及社会网络的延伸度。根据数据统计,一半以上的农村老年人遇事的主要倾诉对象是配偶,约 1/5 的农村老年人以子女为主要倾诉对象。这说明我国农村老年人精神和情绪健康的主要支柱还是家庭成员。以邻居和朋友为倾诉对象的占 17.9%,而来自村委会的精神关注则非常少。

其次,在闲暇活动方面。闲暇活动是指老人利用休闲时间满足自身心理需求和精神慰藉的消遣方式。它对于改善老人的情绪和精神健康来说至关重要。在 CHARLS 调查中,这类活动主要包括逛街串门、散步健身、棋牌麻将、外出旅游、参与社团组织活动、为社区无偿提供帮助等 7 类活动,它们在农村老年人

① Phillips,Michael R,Zhang,Jingxuan,Shi,Qichang,Song,Zhiqiang,Ding,Zhijie,Pang,Shutao,Wang,Zhiqing.(2009). Prevalence,treatment,and associated disability of mental disorders in four provinces in China during 2001 - 05:an epidemiological survey. *The Lancet*,373 (9680),2041 - 2053.

② Zhao,Yaohui,Strauss,John,Yang,Gonghuan,Giles,John,Hu,Peifeng(Perry),Hu,Yisong,Wang,Yafeng.(2013). China Health and Retirement Longitudinal Study - 2011 - 2012 National Baseline Users' Guide.

中的分布情况如表 2 - 2 所示。

表 2 - 2　不同居住方式的农村老年人的闲暇活动方式

项目	全部老人		独居老人		非独居老人	
	人数	百分比	人数	百分比	人数	百分比
逛街串门	1 822	31.46	478	35.57	1 344	20.22
棋牌麻将	714	12.33	121	9.00	593	13.33
无偿提供帮助	224	3.87	36	2.68	188	4.23
散步健身	115	1.98	30	2.23	85	1.91
社团组织活动	49	0.85	13	0.96	36	0.81
上学等培训活动	33	0.56	10	0.74	23	0.52
外出旅游	31	0.54	8	0.60	23	0.52
无任何闲暇活动	2 803	48.40	648	48.22	2 155	48.46

　　值得关注的是,农村老年人无闲暇活动者的占比接近一半;在有闲暇活动的一半老年人中,主要的活动类型也较为单一,主要是逛街串门和棋牌麻将。整体来看,农村独居老人有闲暇活动的比例略高于非独居老人。但除了"逛街串门"这一项目外,独居老人其他各项闲暇活动参与比例均低于非独居老人,说明独居老人往往选择"逛街串门"作为缓解自身孤独的方式。这也同时表明了农村老年人渴望精神慰藉的状况。

　　第三,在抑郁症状方面,CHALRS 调查使用 CES-D 10 简易抑郁量表对我国农村地区老年人的抑郁症状进行了测量。该量表共计有 10 个题目,得分越高则表明抑郁症状越严重,我国农村老年人的平均得分为 10.02 分。该量表可分为三个维度,即"躯体症状""抑郁情绪""积极情绪"。具体的得分和不同等级症状的分布情况可见表 2 - 3。

表 2 - 3　我国农村老年人抑郁症状得分情况(CES-D 10 量表)

题目	小于 1 天 (0 分)	1～2 天 (1 分)	3～4 天 (2 分)	5～7 天 (3 分)	均数(标准差)
躯体症状					5.07(3.62)

（续表）

题目	小于1天 （0 分）	1~2 天 （1 分）	3~4 天 （2 分）	5~7 天 （3 分）	均数（标准差）
因小事而烦恼	2 287	1 609	963	932	1.09(1.09)
不能集中精力	2 360	1 642	952	837	1.05(1.07)
做事很费劲	2 056	1 503	1 016	1 216	1.24(1.15)
睡眠不好	2 404	1 345	857	1 185	1.14(1.17)
对生活提不起劲	3 741	1 241	473	336	0.55(0.87)
抑郁情绪					2.27(2.14)
情绪低落	2 178	1 712	1 099	802	1.09(1.05)
感到害怕	4 089	1 061	364	277	0.45(0.81)
感到孤独	3 358	1 251	591	591	0.73(1.00)
积极情绪					2.78(1.93)
对未来充满希望	1 684	1 027	1 603	1 477	1.49(1.59)
感到愉快	1 970	1 274	1 455	1 092	1.29(1.12)
合计					10.02(6.30)

现有文献主要通过经济和公共政策的角度解释中国农村和城市地区在心理健康方面的差异，而其他方面的因素，尤其是社会性因素则尚未得到充分的研究。也就是说，农村地区在心理健康方面的弱势的主要原因是经济发展水平较低、就业机会较少、精神卫生服务供应较差[①]。然而，世界卫生组织和Calouste Gulbenkian 基金会(2014)指出，心理健康的社会决定因素是多维的，它们嵌入在人们所依赖的社会、经济和物质环境中。因此，应通过考察社会、经济和物质环境中的不平等，采用综合性的框架和视角来了解中国农村的心理健康状况。此外，由于大规模的城市化进程，当代中国的城乡边界远非稳定静态。随着城市人口和地区的扩大，物质和社会经济环境发生了深刻的变化，这可能为中国农村中老年人口的心理健康带来风险和机遇。因此，迫切需要在城市化的背景下研究农村心理健康的社会性决定因素。

[①] Zhang, Licheng, Wang, Hong, Wang, Lushang, & Hsiao, William. (2006). Social capital and farmer's willingness-to-join a newly established community-based health insurance in rural China. *Health Policy*, 76(2), 233-242.

第三章　理论基础与数据来源

一、生命历程视野下的老年人精神健康

在生命历程的背景下,讨论人口老龄化过程中的精神和心理健康时经常使用三种理论。第一个是生命历程理论或生命历程的视角。该理论认为,社会的特征是在个人相互关联的生命阶段中由个人占据的一系列结构。此外,社会嵌入了一系列机制,通过结构化领域实施约束或允许社会流动的机会[①]。根据Elder(1998)的观点,生命历程理论有五个原则,包括:①人类发展和衰老是由相互关联的阶段组成的终身过程;②一个人一生中所经历的历史时期和地点与一个人的生命历程相关联;③生活转变和事件的前因和后果根据他们一生中的时间变化而变化;④社会历史变迁对生命历程的影响是通过相互关联的个人生活网络实现的;⑤通过在某些社会环境中采取的选择和行动来构建个人的生命历程。

第二个理论是是优势/劣势累积理论。该理论最初是在 20 世纪 70 年代用来分析科学事业发展的框架,后来它在社会科学文献中被广泛用来分析财富分配、社会流动、教育、种族和人类发展的不平等[②]。它主要描述了分期群在生命

---

①　Marshall, Victor W. (2009). Theory informing public policy: The life course perspective as a policy tool. In V. L. Bengtson, D. Gans, N. Putney & M. Silverstein (Eds.), *Handbook of theories of aging* (pp. 573 – 593). New York: Springer.

②　DiPrete, Thomas A, & Eirich, Gregory M. (2006). Cumulative advantage as a mechanism for inequality: A review of theoretical and empirical developments. *Annual review of sociology*, 32, 271 – 297.

历程中的群体轨迹和形成马太效应的过程。它提出一个个体或一个群体与另一个个体或群体相比的劣势会随着时间的推移而累积,并且这些存在劣势的方面通常是社会主流资源或社会分层过程中的主要指示物,例如职业等级、收入、财富、身体健康状况和认知发展等(Dannefer,2003)[①]。

第三个理论是发展适应模型(Development Adaptation Model,DAM)。该模型源自佐治亚适应模型(GAM)[②],GAM 在研究晚年寿命和适应性时非常有效。作为对 GAM 的发展,DAM 进一步包含了老年人的远期生活经历。DAM 的一般假设是个人资源和经验因素在整个生命周期内具有优化适应性[③]。该模型整合了远期生活事件、资源、行为技能和个人发展结果的影响。作为干预变量,个人、社会和经济资源、近期生活事件和行为应对技能则代表了适应过程对积极发展适应结果的贡献。此外,远期生活事件,包括压力事件和过去的成就,代表了远期生活经历和事件的影响。最后,个体的发展成果反映了基本的生活质量特征,可以通过功能水平、自评健康程度、认知能力、精神健康、经济成本和负担、心理健康、长寿等指标来反映[④]。

在我国,DAM 是分析城镇化对社区中老年人精神和心理健康的个体层面影响的一个合适的框架。一方面,它考虑了个体远期生活经历。对于目前我国的中老年人来说,他们的童年时期是在较多贫穷和饥饿的体验中度过的,这会对他们的精神健康产生终身影响。另一方面,该框架包括优化适应期的近期生活经历和个人资源。我国的城镇化始于 20 世纪 70 年代末和 80 年代初,并且仅仅是在 20 世纪 90 年代后期才开始加速,这对于中国的中老年人来说是一个相对近期的生活经历。此外,城镇化进程涉及迁徙和社会身份的转变,这与个人的经济和社会资源的变化密切相关。因此,DAM 框架可以有效地连接中国

① Dannefer, Dale. (2003). Cumulative advantage/disadvantage and the life course: Cross-fertilizing age and social science theory. *The Journals of Gerontology Series B: Psychological Sciences and Social Sciences*, 58(6), S327 - S337.

② Poon, Leonard W, Clayton, Gloria M, Martin, Peter, Johnson, Mary Ann, Courtenay, Bradley C, Sweaney, Anne L, Thielman, Samuel B. (1992). The Georgia centenarian study. *The International Journal of Aging and Human Development*, 34(1), 1 - 17.

③ Fry, Prem S, & Debats, Dominique L. (2002). Self-efficacy beliefs as predictors of loneliness and psychological distress in older adults. *The International Journal of Aging and Human Development*, 55(3), 233 - 269.

④ Martin, Peter, & Martin, Mike. (2002). Proximal and distal influences on development: The model of developmental adaptation. *Developmental Review*, 22(1), 78 - 96.

当前中老年人口的不同生命阶段,并揭示城镇化过程中动态性变化对他们精神健康的影响。

二、家庭环境与老年人精神健康

在分析家庭环境与精神健康之间的关系时,既有研究多使用依恋理论、压力缓冲模型和压力过程模型。根据家庭关系中的安全性或支持的缺乏,以及个人性格特质中的回避性与较低的精神健康水平相关这一研究命题,依恋理论概念化了成年人的四种依恋风格,包括安全型人格、忽视—回避型人格,内向—矛盾型人格和恐惧—回避型人格[1]。将这种划分类型应用于老年人群后,研究发现安全型人格的老年人,即具有足够的家庭依恋而低回避的老年人,具有更多的自尊和求助技巧,这有助于形成压力应对过程。而忽视—回避型的老年人,即具有低家庭依恋需求而高度回避的老人,他们则更有可能自力更生。相反,内向—矛盾型的老年人会有较高的家庭依恋需求,同时避免低回报,他们经常寻求过多的家庭照顾。最后,恐惧—回避型的老人有很高的家庭依恋需求和回避型,他们可能因害怕被拒绝而退出家庭关系。在这个框架下,老年人的精神和心理健康是家庭支持的可感知性与老年人性格中的回避水平之间的相互作用的结果[2]。

另一个经常使用的相关理论是压力缓冲模型。该模型侧重于家庭关系的功能方面(例如可感知到的家庭支持),并认为仅仅是对于有压力的人来说,家庭支持会与心理健康相关[3]。它假设应对压力性生活事件的过程对心理健康有害,但可以通过增加家庭支持感或获得实际的家庭支持来缓解这种情况。一

---

[1] Bartholomew, Kim, & Horowitz, Leonard M. (1991). Attachment styles among young adults: a test of a four-category model. *Journal of personality and social psychology*, 61(2), 226.

[2] Poon, Cecilia Yee Man. (2013). Meeting the mental health needs of older adults using the attachment perspective. In A. N. Danquah & K. Berry (Eds.), *Attachment Theory in Adult Mental Health: A Guide to Clinical Practice* (pp. 183–196). New York: Routledge.

[3] Raffaelli, Marcela, Andrade, Flavia CD, Wiley, Angela R, Sanchez-Armass, Omar, Edwards, Laura L, & Aradillas-Garcia, Celia. (2013). Stress, Social Support, and Depression: A Test of the Stress—Buffering Hypothesis in a Mexican Sample. *Journal of Research on Adolescence*, 23(2), 283–289.

方面,当一个紧张的生活事件发生时,可感知的家庭支持可以提升一个人对事件状况的评估能力,这可以防止一系列随之而来的负面行为和情绪反应[1]。另一方面,感知或实际接受到的家庭支持可以减少对压力事件的负面情绪反应,或抑制对压力的生理/行为反应[2]。

压力过程模型则代表了识别心理健康中潜在可修改的社会突发事件的主流理论观点[3]。在社会经济地位的背景下,该模型结合了多种资源和压力源来预测心理健康结果。在家庭层面,它主要关注家庭社会经济地位和家庭类型如何影响一个人的压力暴露以及用于应对它的社会和个人资源的可用性。该模型一方面承认社会和个人资源在压力源(例如最近发生的压力事件、终身创伤和歧视压力)和心理健康结果之间的中介作用;另一方面,它也注意到两级资源的调节作用。根据压力过程模型,社会资源是指社会支持和社会网络;而个人资源是指自尊、控制感、情绪恢复力和情绪资源[4]。

在我国的背景下,压力缓冲模型是分析城镇化对农村社区中老年人的精神和心理健康的家庭层面影响的合适框架。主要有以下两方面的原因:首先,它充分关注了家庭特征和家庭层面的对心理健康产生危险因素。城市化对中国家庭影响最明显的是家庭居住安排的变化。目前,我国城镇地区有超过两亿的农民工,另外每年还以数百万的规模在持续增加。这些人群中的绝大多数都不与家人一起迁入城镇,而是将非工作年龄的家庭成员,即老人和小孩留在农村家乡。与近亲的分离可能会对留守老人产生显著影响[5]。此外,许多这些老年人都不得不承担起祖父母教养的责任,这可能是影响他们精神健康的另一大的

---

① Acevedo，Gabriel A，Ellison，Christopher G，& Xu，Xiaohe. (2014). Is It Really Religion? Comparing the Main and Stress-buffering Effects of Religious and Secular Civic Engagement on Psychological Distress. *Society and Mental Health*，2156869313520558.

② Kawachi，Ichiro，& Berkman，Lisa F. (2001). Social ties and mental health. *Journal of Urban Health*，78(3)，458 - 467.

③ Turner，R Jay. (2010). Understanding health disparities：The promise of the stress process model. In W. Avison，C. S. Aneshensel，S. Schieman & B. Wheaton (Eds.)，*Advances in the Conceptualization of the Stress Process* (pp. 3 - 21). New York：Springer.

④ Pearlin，Leonard I，Menaghan，Elizabeth G，Lieberman，Morton A，& Mullan，Joseph T. (1981). The stress process. *Journal of Health and Social Behavior*，337 - 356.

⑤ Biao，Xiang. (2007). How far are the left—behind left behind? A preliminary study in rural China. *Population*，*Space and Place*，13(3)，179 - 191.

压力事件[①]；其次,该理论强调社会和个人资源在应对生活压力因素中的作用。对于中国农村的人口老年人来说,城镇化带来的家庭居住安排的变化意味着他们应对生活压力源的资源会有变化。例如,由于收到在城镇工作的家庭成员的汇款,他们的收入可能会增加;但与此同时,由于没有成年子女在身边,他们更可能会遭受孤独和无助。

三、社区环境重构与老年人精神健康

现有的社区环境与心理健康关系的文献主要以社会认知理论、基本原因理论和社会网络理论这三个理论为指导。提出和发展社会认知理论最初是为了理解人类社会行为是如何形成的[②]。研究健康文献的中经常使用该理论来分析个体的健康行为。根据 Armitage 和 Conner(2000)的观点,健康行为取决于个体的自我效能感和对结果的预期[③]。自我效能感更多的是一种积极的个人特质,它通过克服诸如生活中压力事件和经济压力等障碍来体现个人对改变行为的信心和决心。另一方面,对结果的预期则更多地受到社会环境的影响,其中就包括社区环境。也就是说,结果预期与行为结果的关系是受到环境因素的影响。正如 Bandura(2012)所指出的,个人机构在广泛的社会结构影响网络中发展、适应和变化,这意味着社会人口特征,如社区环境的质量,可以显著地影响一个人的行为,并进而影响一个人的健康。

关于根本原因理论,它侧重于建立和分析社区社会经济地位与精神健康差异之间的关系。该理论认为,社区的社会经济地位是影响人们精神和心理健康的根本原因[④]。这其中有两方面的原因:首先,社区社会经济地位高意味着可

---

①　Zeng，Zhen，& Xie，Yu. (2014). The Effects of Grandparents on Children's Schooling：Evidence From Rural China. *Demography*，51(2)，599 - 617.

②　Bandura，Albert. (2001). Social cognitive theory：An agentic perspective. *Annual Review of Psychology*，52(1)，1 - 26.

③　Armitage，Christopher J，& Conner，Mark. (2000). Social cognition models and health behaviour：A structured review. *Psychology and Health*，15(2)，173 - 189.

④　Phelan，Jo C，Link，Bruce G，& Tehranifar，Parisa. (2010). Social conditions as fundamental causes of health inequalities theory，evidence，and policy implications. *Journal of health and social behavior*，51(1 suppl)，S28 - S40.

以获得更多资源,从而一定程度上避免个体遇到精神和心理问题。这些资源包括社区卫生和教育服务、基础设施和经济发展水平等[①];其次,社区社会经济地位可以影响个体接触和经历大多数精神健康风险因素的机会。具有较高社会经济地位的社区通常设计优良,较好地规避了拥挤、空气污染、高犯罪率以及其他环境和社会风险[②]。

社会网络理论则提出了许多将社区环境与居民精神和心理健康联系起来的路径。第一条路径与信息有关。也就是说,社区环境可能影响对有助于避免负面事件和促进压力应对的积极行为相关信息的接收[③]。第二,社区环境可能通过塑造身份和自尊来影响心理健康。换言之,社区中的社交网络可以成为积极影响的来源,其影响动机控制神经内分泌反应,并增强自我控制[④]。第三条途径是社会影响,它揭示了社会规范和同伴群体压力是如何影响个人健康行为的方式。许多研究报告说,人们倾向于参考对照群体,即那些对如何反应和行为具有相似态度和社会经济地位的人[⑤]。因此,社交网络和社区中的熟人可以影响人们的健康行为,从而显著影响心理健康。第四条路径与有形资源相关。该路径概述了提供具体货币和非货币支持的心理健康影响,例如收入保护计划、护理服务和心理健康服务等,这些都与社区的社会经济背景相关[⑥]。

在我国的背景下,基础原因理论是分析城镇化对农村社区中老年人心理健康的社区层面影响的合适框架。主要原因是城镇化代表了农村社区的社会经

① Phelan, Jo C, Link, Bruce G, Diez-Roux, Ana, Kawachi, Ichiro, & Levin, Bruce. (2004). "Fundamental causes" of social inequalities in mortality: a test of the theory. *Journal of health and social behavior*, 45(3), 265 – 285.

② Frishman, Natalia. (2012). The contribution of three social psychological theories: Fundamental cause theory, stress process model, and social cognitive theory to the understanding of health disparities—a longitudinal comparison. *Political Preferences*. *Attitude-Identification-Behavior*(3), 10.

③ Cohen, Barney. (2004). Urban growth in developing countries: a review of current trends and a caution regarding existing forecasts. *World Development*, 32(1), 23 – 51.

④ Kawachi, Ichiro, & Berkman, Lisa F. (2001). Social ties and mental health. *Journal of Urban Health*, 78(3), 458 – 467.

⑤ Shields, Michael A, Price, Stephen Wheatley, & Wooden, Mark. (2009). Life satisfaction and the economic and social characteristics of neighbourhoods. *Journal of Population Economics*, 22(2), 421 – 443.

⑥ Saxena, Shekhar, Thornicroft, Graham, Knapp, Martin, & Whiteford, Harvey. (2007). Resources for mental health: scarcity, inequity, and inefficiency. *The Lancet*, 370(9590), 878 – 889.

济和物质环境转变,这与社区的社会经济地位密切相关。基础设施和经济结构的升级应该是土地征收的直接结果,随后是社区福利政策安排和社会网络的重构。根据基本原因理论,社区社会经济和物质环境的这些变化一方面可以提供更多包含心理健康风险的资源,另一方面,可以形成对大多数心理健康风险的接触和体验。

四、社会生态学视角下的城镇化与老年人口的精神健康

关于城镇化对人类健康和福祉的理论探讨由来已久。既有文献中提出了两种关于城镇化对人类福祉影响的竞争性理论。一个是双重风险理论。该理论认为城镇化将导致个体生命发展结果产生不断扩大的差距,并会使城市中边缘化群体的健康变得更加恶化[1]。该理论关注的是社会经济地位与城市中可获取的资源之间的关系,它提出了在城镇化背景下人类福祉共存的两大风险。第一个风险是基于以下两个假设:①城市化将导致收入不平等的加剧;②城市的平均收入水平决定了健康产品和服务的价格以及人类发展所需的其他必要资源。因此,随着城市化的不断发展和收入不平等的增加,反过来,对于低收入人群来说,更多的心理健康资源对于他们来说都将变得无法负担。

第二个风险与城市居民的脆弱性有关。由城市化所导致的人口密度增加和环境风险提升将会加剧城市居民的脆弱性。已有的文献表明,面对城市生活风险,如环境污染、粮食安全和资源短缺等,社会经济地位低的人往往更容易受到伤害[2]。一些基于西方发达国家的实证研究结果支持了双重风险理论。例如,Bassuk,Berkman 和 Amick(2002)的研究表明,在美国城市化程度较高的社区中,老年人口中社会经济地位较低的人群的死亡率显著更高[3]。但是,它是否适用于整个世界范围仍然值得商榷。在我国,城市地区中也存在着较大的

---

① Robert,Stephanie A.(1999). Socioeconomic position and health: the independent contribution of community socioeconomic context. *Annual Review of Sociology*,489 - 516.

② Fang,Hai,& Rizzo,John A.(2012). Does inequality in China affect health differently in high-versus low-income households? *Applied Economics*,44(9),1081 - 1090.

③ Bassuk,Shari S,Berkman,Lisa F,& Amick,Benjamin C.(2002). Socioeconomic status and mortality among the elderly: findings from four US communities. *American Journal of Epidemiology*,155(6),520 - 533.

社会经济地位不平等问题,这尤其体现在本地户籍与流动人口之间。并且,我国城镇人口(包括我国城镇中的社会边缘化群体)的健康状况通常比中国农村地区人口更好[①]。

但另一方面,健康惩罚理论指出,城市化将降低人类发展结果的不平等。这主要有两个原因:首先,对于社会经济地位较高的阶级,城市化将使他们经历健康惩罚。虽然这一理论认识到城市化会带来一系列健康优势,例如更高的收入、更广泛的医疗服务等,但实践表明这些健康优势的发挥会受到不健康的生活方式的抑制,如高脂肪食物、饮酒、吸烟和不安全的性行为等[②]。而城市中的富裕阶层会更容易受到这些健康惩罚效应的影响[③]。特别是在发展中国家的城市化进程中,由于卫生服务和教育的不足,相关情况可能会更加恶化[④]。

第二个原因与城市的社会边缘群体所获得的积极社会外部性有关。也就是说,由于城市治理的改善,低收入和受教育低的人可以获得城市的医疗设施和服务;此外,他们还可以从城市生活的社会多样性中受益,这为他们提供了更多的健康指导和信息[⑤]。

综上所述,双重危险理论和健康惩罚理论关注的是城镇化对人类发展成果影响的不同方面。前者强调了城市边缘化群体的风险因素;而后者强调了边缘化群体的积极社会外部性和城市中有利群体的风险因素。学术界已经达成共识的是,城镇化可以给受波及的人群既带来健康优势,同时也会带来劣势。因此,需要一个全面的理论框架,涵盖城市化带来的风险和机遇,以全面了解城镇化与精神和心理健康之间的关系。

根据 Bronfenbrenner(2009)的观点,要理解个体的生命发展结果,就需要考察其所处的整个社会生态系统。他认为这个生态系统中应包含五个社会组

---

① Zimmer, Zachary, & Kwong, Julia. (2004). Socioeconomic status and health among older adults in rural and urban China. *Journal of Aging and Health*, 16(1), 44 – 70.

② Di Cesare, Mariachiara, Khang, Young-Ho, Asaria, Perviz, Blakely, Tony, Cowan, Melanie J, Farzadfar, Farshad, Msyamboza, Kelias P. (2013). Inequalities in non-communicable diseases and effective responses. *The Lancet*, 381(9866), 585 – 597.

③ Van de Poel, Ellen, O'Donnell, Owen, & Van Doorslaer, Eddy. (2012). Is there a health penalty of China's rapid urbanization? *Health Economics*, 21(4), 367 – 385.

④ Zhu, Yong-Guan, Ioannidis, John PA, Li, Hong, Jones, Kevin C, & Martin, Francis L. (2011). Understanding and harnessing the health effects of rapid urbanization in China. *Environmental Science & Technology*, 45(12), 5099 – 5104.

⑤ Van de Poel, Ellen, O'Donnell, Owen, & Van Doorslaer, Eddy. (2012). Is there a health penalty of China's rapid urbanization? *Health Economics*, 21(4), 367 – 385.

织的子系统,个体的生活环境决定着这些子系统,并为它们提供各种选择和发展资源[①]。此外,子系统内部和各个子系统之间都存在双向影响。最内层是微观系统,指的是个体直接接触的影响因素。它通常包括个体的特征,如性别和年龄,以及最直接影响一个人发展的机构和群体,如亲密的家庭成员、学校和教会等。第二个是中观系统,它指的是各个微观系统因素之间的关系,比如父母之间的关系和学校的教育经历。第三个是外部系统,它主要是指个人难以直接去改变的社会环境因素与个人的直接背景之间的联系。例如,土地征收通常超出了农村社区居民的控制,尽管它可以显著地影响他们的生活。第四个是宏观系统,指的是人们所处的文化氛围和意识形态,例如国家的发展阶段(发展中国家或发达国家)、社会经济地位、贫困状态和种族等。最后一个是时间系统,指的是生命历程中重要事件发生的模式。

　　本研究以社会生态学视角为指导来构建研究框架。该框架将中国的城镇化分解为三个维度来进行理解,即个体层面的社会身份的转变、家庭层面的家庭居住安排形式的转变,以及社区层面的社区环境重组。在个体层面,本书借鉴了发展适应模型,探讨了中观系统(即早期生活事件的集群)、宏观系统(即户口政策)和时间系统(即远期和近期生活事件与抑郁症状之间的联系)的效应。在家庭层面,本书主要通过压力—缓冲模型(Stress-Buffering Model),探索了微观系统(即家庭支持和家庭生活安排)对个体精神健康的影响。在社区层面,本书主要通过基本原因理论(Fundamental Causes Theory)来考察外部系统(即社区物理和社会经济环境重构)对老年个体精神和心理健康的影响。

　　本章回顾了有关城镇化及其对居民精神和心理健康影响的文献。首先回顾中国的城镇化历史和政策,在此基础上,对我国的城镇化进行定义。在介绍了城镇化的多维特征和城镇化的发展历史后,我们特别关注了中国改革开放之前和之后的城镇化和城镇化政策。农村人口迁移和土地使用制度障碍的减少是中国城镇化的重要表现。在此基础上,可以将我国的城镇化工具化为三个面向,即个体层面的社会身份转型、家庭层面的居住安排转变,以及社区层面的社区环境重构。

　　在回顾了城镇化与精神健康之间的一般关联性理论之后,本章进一步回顾

[①]　Bronfenbrenner，Urie.（2009）. *The ecology of human development*：*Experiments by nature and design*：Harvard University Press.

了个体生命历程、家庭居住安排、社区环境与精神健康之间关系的理论,这与我国城镇化的三个结构相符合。在本章评述的各个理论中,发展适应模型,压力缓冲模型和基本原因理论被认为是适合分别分析中国城镇化在个体、家庭和社区层面的精神健康影响因素的理论。

五、实证数据来源

中国健康与养老追踪调查(CHARLS)是由北京大学国家发展研究院主持、北京大学中国社会科学调查中心与北京大学团委共同执行的大型跨学科调查项目,是国家自然科学基金委资助的重大项目,旨在收集一套代表中国 45 岁及以上中老年人家庭和个人的高质量微观数据,用以分析我国人口老龄化问题,推动老龄化问题的跨学科研究,为制定和完善我国相关政策提供更加科学的基础。

CHARLS 全国基线调查于 2011 年开展,每两年追踪一次,调查结束一年后,数据对学术界免费公开。CHARLS 曾于 2011 年、2013 年、2014 年("中国中老年生命历程调查"专项)和 2015 年分别在全国 28 个省(自治区、直辖市)的 150 个县、450 个社区(村)开展调查访问,至 2015 年全国追访时,其样本已覆盖总计 1.24 万户家庭中的 2.3 万名受访者。

CHARLS 的问卷设计参考了国际经验,包括美国健康与退休调查(HRS)、英国老年追踪调查(ELSA)以及欧洲的健康、老年与退休调查(SHARE)等。项目采用了多阶段抽样,在县/区和村居抽样阶段均采取 PPS 抽样方法。CHARLS 首创了电子绘图软件(CHARLS-GIS)技术,用地图法制作村级抽样框。

CHARLS 家庭调查由八个部分组成:①家庭名册,②人口背景,③家庭,④健康状况和功能,⑤医疗保健和保险,⑥工作,退休和养老金,⑦收入、支出和资产,⑧房屋特征和访调员观察。CHARLS 的访问应答率和数据质量在世界同类项目中位居前列,数据在学术界得到了广泛的应用和认可。

CHARLS 是一个公开的数据库,包含有关老年人家庭的广泛信息以及有关老年人家庭成员，包括老年受访者及其配偶的信息[1]。CHARLS 是全球一系列老年人追踪调查的一个组成部分，类似的调查还在包括美国、英国、欧洲大陆、韩国、日本和印度等 19 个国家进行过。CHARLS 是由北京大学负责执行，它的目的是代表 45 岁及以上的中国居民，没有年龄上限。

　　在基线调查中，CHARLS 采用与规模成比例随机多阶段概率抽样（PPS），由县级单位、村级单位、住户和个体组成抽样单位。总的来说，基线调查的样本量为 10 281 个家庭中共计 17 705 个研究样本。这些样本分布在全国 28 个省，覆盖了 150 个县和 450 个村。本书的三个子研究就是基于 CHARLS 数据库的子样本。

　　由于 CHARLS 数据集中的数据已去除身份识别信息并可供公众用于学术用途，因此本研究没有道德问题和利益冲突需要特别申报和注明。

---

[1]　Zhao，Yaohui，Strauss，John，Yang，Gonghuan，Giles，John，Hu，Peifeng（Perry），Hu，Yisong，Wang，Yafeng.（2013）. China Health and Retirement Longitudinal Study – 2011 – 2012 National Baseline Users' Guide. Retrieved May 27th，2014，from http：//charls. ccer. edu. cn/uploads/document/2011 – charls-wave1/application/CHARLS_users__guide_ofnationalbaseline_survey-js-yz-Lei_wang-js_ys_js-ys-zhao_ys_20130407.pdf

第四章　社会身份转变与农村社区老人的抑郁症状

　　本章的研究目的是考察远期的生命事件(即童年逆境经历)与近期的生命事件(即城镇化过程中社会身份的转变)是如何与中国农村社区中老年人当下的精神健康状况(即抑郁症状)产生关联的,力图揭示城镇化在个体层面的体现,即个体社会身份的转变,是如何作为调节变量影响童年逆境经历与晚年生活中的抑郁症状之间的关系。

一、研究假设与研究方法

(一) 研究假设

　　根据由 M.Peter 和 M.Mike(2002)提出的发展适应模型(DAM),个体的发展是纵贯于整个生命过程的,在此过程中,个人资源和经历则会优化个体的适应过程[①]。也就是说,远期的生命事件或经历会影响个体晚年的生活,而这一联系会受到一系列干预变量的影响,如个体、社会和经济资源以及近期的生命事件。基于这些理论假设,本研究提出以下三个研究假设:

　　(1) 作为一个发生于生命早期的压力事件,童年逆境经历与中老年人当下的以抑郁症状为代表的精神健康水平有显著的相关关系;

　　(2) 作为一个发生于近期的生命事件和一种重要的资源,个体在城镇化过程中发生的社会身份的转变与以抑郁症状为代表的精神健康水平有显著的相

---

① Martin P，Martin M. Proximal and distal influences on development：The model of developmental adaptation[J]. *Developmental Review*，2002，22(1)，78 - 96.

关关系；

（3）社会身份转变作为调节变量能够显著地影响童年逆境经历和晚年抑郁症状之间的关系。

本研究基于中国健康与养老追踪调查的基线调查样本（CHARLS-Baseline）。筛选研究样本的标准包括以下三条：①样本人口的第一个户籍身份是非农业户籍；②年龄在45周岁以上；③16周岁之前的童年阶段在农村地区度过。使用以上三条标准后，在CHARLS样本数据库中共获取到14 681位老年人的数据。这些老人的共同特点是，在生命早期的社会阶层地位相近，即他们都出生并成长于我国农村地区，而当时（即20世纪70年代末之前）由于计划经济仍然占主导地位，他们在农村的社会经济地位和生活方式都相当一致。因此，探索发生于改革开放后的城镇化是如何影响他们的生命历程，并进而使他们的精神健康产生差异，是具有相当的学术研究意义的。

我国当代的城镇化肇始于20世纪70年代末期，是随着改革开放后所实施的一系列国家政策而勃兴起来的。随着我党在1992年召开的"十四大"上确立了社会主义市场经济体制，并在1993年召开的十四届三中全会上通过了《中共中央关于建立社会主义市场经济体制若干问题的决定》，由此我国的城镇化进入加速发展阶段。这些时间点与当前我国中老年人口的工作年龄阶段相吻合。城镇化可能会给中老年人带来新的生活方式、职业和居住安排等，并由此而影响他们的精神健康。因此，本研究所选取的研究样本对于回答以下研究问题来说是非常合适且重要的，即城镇化在多大程度上影响了童年逆境经历与晚年生活中的抑郁症状之间的关系。

（二）变量的测量

1. 童年逆境经历

根据现有的研究童年逆境经历的文献，并结合我国的实际国情，本研究选取了7个指标来对我国中老年人群的童年逆境经历进行测量。这7个指标都是发生在生命早期的重要压力事件，它们均被编码为哑变量，即："1"代表样本未经历该生命事件，"0"代表样本有经历该生命事件。第一个和第二个指标分别为"父亲过世"和"母亲过世"，它们测量的是样本是否在16岁之前经历了父母亲过世。第三个指标是"饥荒"。该指标根据李文海等（1994）所著的《近代中国十大灾荒》,以及发生于 1959—1961 年之间的"三年自然灾害"来进行编码。《近代中国十大灾荒》一书记载了我国发生于 1840 年至 1949 年间的十次最严重的灾荒。研究样本如果出生于灾荒发生的当年或后一年(即在母胎中时经历了灾荒)则被编码为经历过灾荒这一童年逆境经历。这一编码方式参照了 Barker(1997)提出的胚胎决定论。该理论认为,人类待在母亲肚子里的 9 个月是我们生命中最关键的环节,它永远影响着我们大脑以及其他器官的运作[1]。因此,在这一阶段经历灾荒,也应当作一项童年逆境经历。第四项指标是"未接受教育",它指的是样本是否在 16 岁之前接受过学校教育。第五项指标是"父母亲为文盲",它指的是样本是否是在一个父母皆为文盲的家庭中长大。第六项指标为"残疾",即样本是否在童年时期在肢体、大脑、听力或视力,或语言功能等方面存在残疾和障碍。最后一项指标为"健康水平低",它指的是样本是否在童年时期存在健康不佳的情况。这一指标是根据样本本人对自己童年的信息回顾来进行编码的。这 7 项测量童年逆境经历的指标可以大致归为三大类:①"父亲过世""母亲过世""灾害"均属于生命创伤性事件;②"未接受教育"和"父母亲为文盲"则属于童年时期家庭社会经济地位的相关指标;③"残疾"和"健康水平低"则事关样本在童年时期的健康和身体功能水平。

2. 社会身份

现有文献中提出了多种对城镇化水平进行测量和对城镇化进行归类的方法。这些方法通常都与个体的经济和家庭生活、居住位置,以及居住小区的环境特征等有关[2][3]。由于我国的城镇化主要是由体制机制因素所驱动的,本研究综合了样本人口的居住地特征和户籍属性来对他们的社会身份进行测量。基于此,一共可分为三类社会身份形式:①未被城镇化者(the non-urbanized),即样本自出生起一直生活在农村地区,并持有的是农业户籍;②半城镇化人口,即样本目前生活在城镇地区,但仍然持有农业户籍;③完全城镇化人口,即样本目前生活在城镇,且持有非农业户籍。这一划分方法并非首创。由于户籍制度

① Barker David J P. Maternal nutrition, fetal nutrition, and disease in later life[J]. *Nutrition*, 1997, 13(9), 807-813.
② Brown David L, Cromartie John B, Kulcsar Laszlo J. Micropolitan areas and the measurement of American urbanization[J]. *Population Research and Policy Review*, 2004, 23(4), 399-418.
③ Ou Ming-hao Li, Wu-yan Liu, Xiang-nan, et al. Comprehensive measurement of district's urbanization level: a case study of Jiangsu Province[J]. *Resources and Environment in the Yangtze Basin*, 2004, 13(5), 407-412.

的存在,许多社会科学研究都关注农村流动人口在城镇地区生活但却没有与城镇居民享有同等市民权的问题。基于此现象,许多研究者都将我国的城镇化描述为"半城镇化"或"土地的城镇化",而非真正的"人的城镇化"[①]。

3.抑郁症状

本研究使用"流行病学研究中心抑郁量表—简短版"(Center for Epidemiological Studies Depression Short Form, CES-D-10)来测量研究样本的抑郁症状。该量表由 10 个词句所组成,它由原始的由 20 个词句组成的量表精简而成。它广泛应用于大样本的社区人口调查中,实践证明其有非常好的信度和效度,心理测量指标特征系数也非常高,与原始版本(即 CES-D-20)的相关系数也非常高[②]。CES-D 量表在我国社区人口的抑郁症状调查中也经常使用,有较为成熟的中文版本[③]。表 4-1 呈现了 CES-D-10 及其原始版本的中文版内容:

表 4-1　CES-D-10 及 CES-D-20 中文版内容

CES-D-20	CES-D-10
我因一些小事而烦恼	我因一些小事而烦恼
我不大想吃东西,胃口不好	
即使家属和朋友帮助我,我仍然无法摆脱心中的苦闷	我在做事时很难集中精力
我觉得我和一般人一样好 *	
我在做事时很难集中精力	我感到情绪低落
我感到情绪低落	
我觉得做任何事都很费劲	我觉得做任何事都很费劲
我对未来充满希望 *	
我觉得我的生活是失败的	我对未来充满希望 *
我感到害怕	

① 张红霞,江立华.农民工市民化与城镇化进程的共生与错位[J/OL].华南农业大学学报(社会科学版),2019(01):1-9.

② Björgvinsson, Thröstur, Kertz, Sarah J, Bigda-Peyton, Joe S, McCoy, Katrina L, & Aderka, Idan M. (2013). Psychometric Properties of the CES-D-10 in a Psychiatric Sample. *Assessment*, 20 (4), 429-436.

③ 冯金曼,王佳宇,于静.认知情绪调节和领悟社会支持在大学生情绪表达冲突与抑郁间的作用[J].中国临床心理学杂志,2018,26(02):391-395.

（续表）

CES-D‐20	CES-D‐10
我的睡眠不好	我感到害怕
我很愉快 *	
我比平时说话要少	我的睡眠不好
我感到孤独	
我觉得人们对我不太友好	我很愉快 *
我觉得生活得很有意思 *	
我曾有过哭泣	我感到孤独
我感到忧伤	
我感到人们不喜欢我	我觉得我无法继续我的生活
我觉得我无法继续我的生活	

　　该量表要求样本根据自己的各种感受和行为在上一周的发生频率来进行勾选,选项有四个,分别为:"几乎没有"(不到 1 天)、"有些时候"(1～2 天)、"经常会有"(3～4 天)、"大多数时间有"(5～7 天)。其中,"几乎没有"计 0 分,"有些时候"计 1 分,"经常会有"计 2 分,"大多数时间有"计 3 分。值得注意的是,表 4‐1 中表 * 号的词句应进行反向计分。这样,CES-D‐10 的得分范围在0～30 分之间,分值越高表明抑郁症状越严重。基于在 CHARLS 数据中所选取的样本,本研究对 CES-D‐10 量表进行了信度分析,得到克伦巴赫 α 系数为0.796,这表明该量表应用在本样本群体中有较高的信度。

(三) 统计分析

　　本研究的统计分析过程分为两步。首先,本研究使用潜在聚类分析法(Latent Class Analysis,LCA),根据童年逆境经历的类型对样本群体进行分类。潜在聚类分析法比较了四个模型的拟合系数,即二潜在类别模型、三潜在类别模型、四潜在类别模型和五潜在类别模型。为选取最佳数量的潜在类别,本研究考察了四项拟合系数,它们包括:Akaike information criterion (AIC)、Bayesian information criterion (BIC)、Lo-Mendell-Rubin's adjusted LR test (LRT)、and entropy measures (Nylund, Asparouhov 和 Muthén,2007)。其中,AIC 和 BIC 系数越小,模型的拟合优度则越好。而 LRT 测试系数如果是不显著的,即 p 值小于 0.05,则说明应该接受少一个潜在类别的模型。最后,entropy 值指的是对样本群体进行分类的精确度。它的取值范围为 $0 \sim 1$,值越大,则表明分类越精确。

统计分析的第二步是建立一个协方差分析模型。该模型纳入了样本的城镇化身份和童年逆境经历的类别身份。样本的性别和年龄作为协变量也纳入模型,从而降低组内误差方差(within-group error variance)以及去除混淆效应[①]。尽管现有文献一致表明男性和女性受童年逆境经历影响的程度是不同的[②],但这一结论是否能推及中国尚未可知。并且,由于本研究的样本年龄范围较大(从 45 岁到 101 岁),因此应当在模型中控制年龄变量。本研究使用协方差分析模型有两个目的。第一是检验不同的童年逆境经历组别是否在抑郁症状指标上有显著的差异。第二是考察社会身份是否能够对童年逆境经历组别身份与抑郁症状程度之间的关系产生显著的调节效应。

二、研究结果

(一)样本的描述性统计结果

表 4-2 中汇报了本研究中各个研究变量的描述性统计值信息。在人口学信息方面:在共计 14 681 个样本中,51.2% 的样本为女性;样本的平均年龄为 59.1 岁,方差为 9.9 岁;87.0% 的样本当前为已婚且与伴侣同住状态,有11.0% 的样本已丧偶。在社会身份方面,66.1% 的样本为未城镇化状态;22.9% 的样本处于半城镇化状态,即虽然居住在城镇地区,但仍然持有农业户籍;另有 11.0% 的样本已完全城镇化,即出生和成长于农村地区且持有的第一个户籍为农业户籍,但目前已居住在城镇地区且持有非农业户籍。7 类童年逆境经历在样本群体中的分布差异较大:其中 58.5% 的样本是出生在父母皆为文盲的家庭中,自身未接受过教育的比例为 30.3%;父亲和母亲在 16 岁之前过世的比例分

---

①　Field,Andy. (2009). *Discovering statistics using SPSS*. London:Sage publications.

②　Wainwright,NWJ, & Surtees,PG. (2002). Childhood adversity,gender and depression over the life-course. *Journal of Affective Disorders*,72(1),33 - 44.

别为 13.5% 和 23.2%;童年时期经历过重大灾荒的比例为 16.9%,有残疾的比例为 2.1%。抑郁症状得分方面,得分的范围为 0～30 分,均值为 8.8 分,方差为 6.4。值得注意的是,该指标共有 12 649 个合格观测值,缺失值有 2 032 个。通过比较缺失值样本与其他样本的人口学信息各项变量,我们未发现两个群体在人口学上有显著的差异。因此,我们判定缺失值为漏填,故采用 Listwise 方法,将这些有缺失值的样本在最终模型中进行删除。

表 4 - 2　各研究变量的描述性统计值

变　量	样本数	均值	方差
样本总量	14 681	—	—
年龄(45～101 岁)	14 681	59.1 岁	9.9
性别			
女性	7 522 (51.2%)	—	—
男性	7 147 (48.7%)	—	—
婚姻状况			
已婚	12 766 (87.0%)	—	—
分居/离婚	150 (1.0%)	—	—
丧偶	1 617 (11.0%)	—	—
从未结婚	147 (1.0%)	—	—
抑郁症状得分(0～30)	12 649	8.8	6.4
城镇化身份状态	14 617		
未城镇化	9 658 (66.1%)	—	—
半城镇化	3 350 (22.9%)	—	—
完全城镇化	1 609 (11.0%)	—	—
童年逆境经历			
父亲过世	1 984 (13.5%)	—	—
母亲过世	3 412 (23.2%)	—	—
灾荒	2 483 (16.9%)	—	—
未接受教育	4 450 (30.3%)	—	—
父母为文盲	8 591 (58.5%)	—	—

（续表）

变　　量	样本数	均值	方差
健康状况差	1 055（7.2%）	—	—
残疾	313（2.1%）	—	—

（二）童年逆境经历的潜在类别分析结果

统计分析的第一步,即潜在聚类分析模型,揭示了样本群体的童年逆境经历的聚类特征。表4-3中分别呈现了四个潜在聚类模型的四项拟合优度系数。结果表明,三潜在类别模型的拟合优度系数最佳。首先,它的AIC和BIC系数均低于二潜在类别模型。其次,四潜在类别模型的LRT测试的p值大于0.05,这表明四潜在类别模型并不显著地优于三潜在类别模型。基于精简原则,应接受三潜在类别模型。最后,三潜在类别模型的entropy值为0.721,大于0.7,分类的精确度较好。

表4-3　童年逆境经历潜在类别分析模型的拟合优度系数

模型	AIC	BIC	p for LRT	Entropy
二潜在类别模型	84 962	85 076	<0.001	0.694
三潜在类别模型	84 195	84 370	<0.001	0.721
四潜在类别模型	84 165	84 400	0.053	0.767
五潜在类别模型	84 154	84 450	0.386	0.571

表4-4汇报了在三个潜在类别小组中,七项童年逆境经历的分布状况。类别Ⅰ为最大的组别,包含有9 337个样本,占总样本量的63.6%。与其他两个潜在类别相比,类别Ⅰ的研究样本在七项童年逆境经历中的分布比例均排在中等或最低的水平。类别Ⅱ和类别Ⅲ的研究样本分别占研究样本总数的27.9%和8.4%。一方面,类别Ⅱ样本发生父母均为文盲、没有学校教育经历、残疾和童年期健康状况不佳的概率最高,而这些都是儿童时期社会经济和健康状况的指标。另一方面,类别Ⅲ最有可能发生儿童时期父亲死亡、母亲死亡和出生于饥荒年这些童年逆境经历,而这些都是生活中的重大创伤性事件。根据

这些调查结果,本研究将类别Ⅰ、类别Ⅱ和类别Ⅲ分别命名为"正常童年"小组、"儿童期社会经济地位和健康状况差"小组,以及"创伤性童年"小组。

表4-4　各项童年逆境经历在三个潜在类别小组中的分布状况

	类别Ⅰ (组内%)	类别Ⅱ (组内%)	类别Ⅲ (组内%)
父亲过世	564 (6.04)	193 (4.71)	1 226 (100.00)
母亲过世	1 539 (16.48)	656 (16.01)	1 214 (99.02)
灾害	1 633 (17.49)	619 (15.11)	228 (18.60)
父母亲为文盲	4 795 (51.35)	3 086 (75.32)	710 (57.91)
未接受教育	2 (0.02)	4 094 (99.93)	354 (28.87)
残疾	168 (1.80)	122 (2.98)	22 (1.79)
健康水平低	632 (6.77)	346 (8.45)	77 (6.28)

注:类别Ⅰ的样本量为9 337个;类别Ⅱ的样本量为4 097个;类别Ⅲ的样本量为1 226个。

(三)三个潜在类别小组之间在抑郁症状方面的差异

潜在类别分析(LCA)根据样本的童年逆境经历情况(CA)将他们划分成三个不同的潜在类别小组。在随后进行的协方差因子分析中,潜在类别小组的组别身份就成为了一个自变量。研究结果表明,研究样本的CA潜在类别小组身份与他们当前的抑郁症状呈现出显著相关关系:$F(2,12561)=4.20$, $p=0.015$;使用方差分析对三个潜在类别小组的抑郁症状评分进行比较,结果表明"儿童期社会经济地位和健康状况差"小组($M=8.95$, 95% CI [8.58, 9.32])的抑郁评分的估计边际均值显著高于"创伤性童年"小组($M=8.09$, 95% CI [7.60, 8.57])($p=0.016$),但没有显著高于"正常童年"小组($M=8.49$, 95% CI [8.32, 8.65])($p=0.076$);此外,在"儿童期社会经济地位和健康状况差"小组和"正常童年"小组之间,抑郁评分的估计边际均值没有显著差异($p=0.365$)。

(四)协变量及与城镇化相关的社会身份的效应

本研究假设与城镇化相关的社会身份显著地调节了抑郁症状与童年逆境

经历之间的关系。因此,本研究将与城镇化相关的社会身份与童年逆境经历小组身份纳入协方差分析模型中,同时将样本的年龄和性别作为控制变量,具体结果参见表 4-5。关于控制变量,年龄($B=0.08$;$F=171.48$;$p<0.001$)和性别($B=2.11$;$F=353.29$;$p<0.001$)与研究样本的抑郁症状呈现显著相关性;此外,B 系数显示女性的抑郁症状评分高于男性,并且抑郁症状评分随着年龄的增长而增加。结果还表明社会身份与抑郁症状评分显著相关($F=3.00$;$p=0.05$),即社会身份的城镇化程度越高,抑郁症状评分越低;社会身份与童年逆境经历组别身份之间的交互作用与抑郁症状评分有显著相关性($F=4.27$;$p=0.002$),这表明与城镇化相关的社会身份显著调节了童年逆境经历与抑郁症状之间的关系。

表 4-5　协方差分析模型结果

	类别Ⅲ 平方和	df	均方值	F 值	显著性
矫正模型	23 791	10	2 379	60.24	<0.001
截距	82.77	1	82.77	2.10	0.148
年龄	6 772	1	6 772	171.48	<0.001
性别	13 953	1	13 953	353.29	<0.001
童年逆境经历类别	332	2	166	4.20	0.015
社会身份	237	2	119	3.00	0.050
社会身份 * 童年逆境经历类别	675	4	169	4.27	0.002
偏误	496 043	12 560	39.49		

注:样本总量为 12 571;df=degree of freedom(自由度);年龄的 B 值为 0.08;性别的 B 值为 2.11;R 方等于 0.046。

图 4-1 显示了抑郁评分的估计边际均值的结果。根据该图可知,在社会身份未发生城镇化转变的研究样本中,"创伤性童年"小组所报告的抑郁评分最低;"儿童期社会经济地位和健康状况差"小组报告的抑郁评分次高;而"正常童年"小组的抑郁得分最高。然而,这一模式并不适用于社会身份完全城镇化和半城镇化的人群。在这两类人群中,"儿童期社会经济地位和健康状况差"小组报告的抑郁症状评分最高,"创伤性童年"小组的抑郁症状评分次之。值得注意

的是,虽然社会身份完全城镇化和半城镇化人群的得分趋势相似,但它们的变动幅度却存在显著差异。

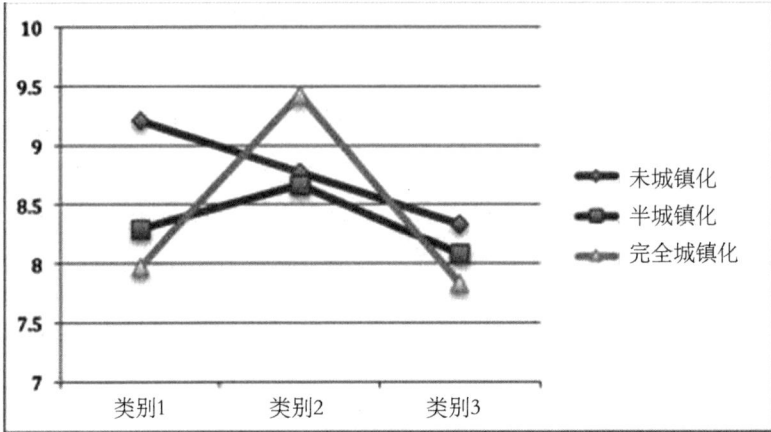

图 4 - 1　研究样本的抑郁评分的估计边际均值结果

三、讨论与总结

与既有文献的研究结果相符,本研究也同样发现童年期的逆境经历与晚年时期的抑郁症状之间存在显著相关性。本研究使用潜在聚类分析的方法,为这一相关关系描绘了更为细致的图景。首先,本研究证明了童年逆境经历存在聚类性质。根据数据分析,儿童期父亲过世、儿童期母亲过世以及在饥荒年出生存在聚类关系;自身未接受过教育和父母双方都是文盲、儿童时期残疾和身体健康状况不佳存在聚类关系。本研究根据这一潜在的聚类结构将样本群体划分出三个类别,既有的研究结果也支持本研究中划分的三个潜在类别。对中国饥荒的实证研究一致表明,中年人的死亡率高于其他年龄组,Chen 和 Zhou (2007)将这种现象解释为中国传统家庭价值观的结果,即在经济极度困难时期,成年人会将有限的食物供给他们的孩子或老人[①],这可以解释父母在儿童

---

① Chen,Yuyu, & Zhou,Li-An.(2007). The long-term health and economic consequences of the 1959—1961 famine in China. *Journal of Health Economics*,26(4),659 – 681.

期死亡和在饥荒年出生的聚类关系。此外,大量文献记载了社会经济状况与身体和功能状态之间的关联[①],这可以解释这些逆境经历在本研究中的聚类关系。

　　本研究还发现,在不同的童年逆境经历潜在类别小组之间存在显著的抑郁症状得分差异。值得注意的是,在控制年龄和性别这两个变量后,创伤性童年小组的抑郁评分最低。这其中可能有三方面的原因。第一是与大家庭的支持有关。几十年前我国农村相对较大的家庭规模和家族聚居可能会起到安全网的作用,缓解儿童期父母过世所带来的负面影响。根据 Zeng(1986)的观点,在20 世纪 80 年代之前,联合家庭是我国农村的一种较为普遍的家庭形式[②]。在这种家庭中,已婚的兄弟姐妹要么生活在同一屋檐下,要么在他们组成独立的家庭单元时住在互相靠近的地方(例如挨家挨户)。这种居住形式促进了亲密家庭成员之间的互助。此外,在严峻的生活环境下,中国的大家族制度和关系可能会得到极大的加强(Chen,1985)[③]。换句话说,当孩子成为孤儿时,其他家庭成员可能会扮演父母的角色,并且可能将来自不同家庭成员的资源汇集在一起,以便在饥荒时期同舟共济。

　　第二个解释的视角来自选择效应假设。Gørgens,Meng 和 Vaithianathan(2012)发现,在包括饥荒在内的其他各种创伤性事件中存活下来的人,在以后的生活中往往会更加健康和强壮,因此可以更好地应对此后生活中的各种压力事件,CHARLS 数据库中的其他指标也支持了这一观点。例如,数据表明创伤性童年小组自我报告当前健康状况为"良好"和"非常好"的比率最高,报告童年时期健康状况为"不佳"的比率最低。

　　第三个可能的原因是较高的教育水平。与"儿童期社会经济地位和健康状况差"小组相比,"创伤性童年"小组的样本的受过教育的比例更高。众所周知,教育是抑郁症状的有效预防性因素[④]。根据 Fergusson 和 Horwood(2003)的

---

①　Bradley,Robert H,& Corwyn,Robert F. (2002). Socioeconomic status and child development. *Annual Review of Psychology*,53(1),371 – 399.

②　Zeng,Yi. (1986). Changes in family structure in China: A simulation study. *Population and Development Review*,675 – 703.

③　Chen,Xiangming. (1985). The one-child population policy,modernization,and the extended Chinese family. *Journal of Marriage and the Family*,193 – 202.

④　Werner,Emmy E,& Smith,Ruth S. (2001). *Journeys from childhood to midlife: Risk, resilience,and recovery*: Cornell University Press.

研究,更高的教育水平与更好的解决问题的技能、社会关系网络,以及智力和职业发展水平等有关,而这些资源均可能抵消甚至是逆转儿童时期逆境经历对成年生活的负面心理影响[1]。

　　数据分析还显示,我国中老年人群社会身份的城镇化程度对童年时期逆境经历与当下的抑郁症状之间的关系存在显著的调节效应。既往的研究文献也证明了宏观社会环境会对个体心理健康产生显著的影响。例如,Elder、Wilson等人对婴儿潮世代和在大萧条时期出生的孩子的研究,就证明了相关的效应[2][3]。虽然社会身份的城镇化程度与中老年人的抑郁症状水平呈负向相关关系,但社会身份对童年时期逆境经历与当下抑郁症状之间的相关性的调节作用值得进行更加细致的分析和更多的政策关注。

　　根据社会身份不同的城镇化程度,三个童年逆境经历的潜在类别小组的研究样本汇报了不同的抑郁症状模式。对于社会身份已经实现完全城镇化和半城镇化的人群中,类别Ⅱ(即"儿童期社会经济地位和健康状况差"小组)报告的抑郁症状评分最高。在社会身份完全城镇化者中,情况尤其如此。我国城镇地区对外来务工人员的种种制度性排斥可能是这一结果的主要原因。对于持有农业户籍的人来说,转变为城镇非农业户籍意味着参与一场需要克服各种制度障碍的"不公正"竞争。诸多家庭及个人因素,如教育、家庭背景、健康和功能状态等,都可能在此竞争中发挥重要作用。因此,由户籍制度所形成的各种制度性排斥机制以及社会上对农村身份根深蒂固的不认同,再加上较低水平的教育水平和家庭背景,都使得获得了城镇或半城镇化社会身份的人在这个过程中面临更多的障碍。同时,中国的城镇化是以工具理性为基础的,重点是经济生产力和效率。由此所带来的一系列社会问题,如社会保护机制的建设和弱势群体的社会融入等问题,我国仍需要较长的时间去完善[4]。

---

① Fergusson, David M, & Horwood, L John. (2003). Resilience to childhood adversity: Results of a 21-year study. In S. S. Luthar (Ed.), *Resilience and vulnerability: Adaptation in the context of childhood adversities* (pp. 130 - 155). Cambridge: Cambridge University Press.

② Elder Jr., Glen H. (1999). *Children of the Great Depression: Social change in life experience*. Boulder: Westview Press.

③ Wilson, Laura B. (2006). *Civic engagement and the baby boomer generation: Research, policy, and practice perspectives*. London: Psychology Press.

④ Leung, Joe C. B. (2006). The emergence of social assistance in China. *International Journal of Social Welfare*, 15(3), 188 - 198.

另外,在非城镇化人群中,报告抑郁症状评分最高的潜在类别小组是"正常童年"小组。这一研究结果可以通过生命历程中的社会地位不一致来解释。这些人在童年时期可能处于比其他两个群体更好的社会经济地位。然而,他们当下的社会身份低于其他两个群体。在中国社会,城镇的社会身份具有相当的社会经济和文化含义。也就是说,城镇的社会身份不仅意味着更广泛地获得经济机会和资源的机会,而且还意味着有更好的心理优势,这主要是城镇社会身份与更高的教育水平和文化品味相联系的结果[1]。为了避免这一社会刻板印象,就需要打破造成和维系中国城乡隔离的制度性障碍,并进一步为农村部门提供平等的发展机会。考虑目前我国仍有巨大的城镇化潜力,因此有必要鼓励农村人口的社会身份转型。

现有研究文献较为一致地汇报了抑郁症状方面的性别差异。一个较为一致的结论是,女性比男性更容易受抑郁症状的困扰[2]。与既有文献的发现相同,本研究也发现女性的抑郁症状程度更严重。这一结果可能有两个方面的原因:首先,一些人为的因素,如认定的阈值、测量程序、病程和症状报告等都可能导致结果的差异[3]。根据 Sonnenberg,Beekman,Deeg 和 Tilburg(2000)的观点,女性和男性有不同的自我情绪表达方式。也就是说,女性更容易说出负面情绪,而男性则更容易否认和隐藏[4]。第二个原因与实际的社会和心理决定因素有关,例如社会文化角色和支持、应对技巧以及对生命事件的脆弱性。此外,Luppaet 等研究者(2012)也发现了遗传或生物因素对抑郁症中性别差异的出现具有显著的影响作用。

本研究还发现了年龄与抑郁症状之间的显著相关性。根据 Blazer(2003)的研究,这一现象可归因于以下三点:较低的社会经济地位、较高的健康和功能问题发生率,以及老年人口中更高的女性占比[5]。然而,这一发现并非无可争

① 王春光.新生代农村流动人口的社会认同与城乡融合的关系[J].社会学研究,2001(03):63 - 76.

② Luppa,M,Sikorski,C,Luck,T,Ehreke,L,Konnopka,A,Wiese,B,Riedel-Heller,SG.(2012).Age-and gender-specific prevalence of depression in latest-life-systematic review and meta-analysis. *Journal of affective disorders*,136(3),212 - 221.

③ Piccinelli,Marco,& Wilkinson,Greg.(2000).Gender differences in depression Critical review. *The British Journal of Psychiatry*,177(6),486 - 492.

④ Sonnenberg,Caroline M,Beekman,Aartjan TF,Deeg,Dorly JH,& Tilburg,W van.(2000).Sex differences in late—life depression. *Acta Psychiatrica Scandinavica*,101(4),286 - 292.

⑤ Blazer,Dan G.(2003).Depression in late life:review and commentary. *The Journals of Gerontology Series A:Biological Sciences and Medical Sciences*,58(3),M249 - M265.

议的。例如，Djernes(2006)在他对晚年抑郁症研究文献的综述中没有发现抑郁症与年龄之间存在显著的相关性[1]。此外，尽管许多研究发现抑郁症状的确在年龄更大的老人(oldest-old)中更为普遍，但它们同时也发现，总体而言，老年人群的抑郁症状发生率并不比中年时期的发生率更高[2]。因此，还需要通过更多大样本的实证研究来进一步调查老年人群的抑郁症状是否真的随年龄的增加而增加。

本研究丰富了对儿童时期逆境经历与晚年心理健康之间关系的理解。有的研究指出，关于这两个变量的关系的争论，很大程度上是由于对发生在两个生命阶段之间的社会身份的转变的忽视而造成的。根据发展适应模型，本研究将人的衰老作为一个包含远期和近期生活压力事件的过程来进行考察，旨在通过在两者之间所发生的社会身份的转变来将童年生活与中老年人生活联系起来。该方法厘清了儿童时期逆境经历与晚年人生发展结果之间的关系。

本研究的结果也可能对其他正在经历城镇化进程的国家产生重要的政策意涵。随着全球，尤其是在低收入和中等收入国家中的城市化和人口老龄化程度的加深，人们将越来越关注这两个主要人口趋势变化的交互作用[3]。在公共政策层面，这主要体现为应该如何制定出对老年人更加友好的城市化政策，这将有助于促进在老龄化社会中体现更好的人类发展成果。我们的研究表明，虽然城市化通常有助于改善心理健康，但它也可能会使具有某些生活背景的人的心理健康变差。特别是，根据我们的数据分析结果，城镇化程度越高，与同龄人相比，儿童时期社会经济地位较低、健康状况较差的人的心理问题发生的可能性就越高。为避免心理健康劣势在生命历程中不断累积，政府应在城市化进程中引入更多的社会融入性政策，特别要关注那些在家庭和个人社会经济地位、健康或身体机能方面处于劣势地位的社会成员。

总而言之，本项子研究借助 CHALRS 数据库，验证了三个研究假设。首先，证明了儿童时期逆境经历与中国农村中老年人的抑郁症状存在显著相关关

[1] Djernes, J. K. (2006). Prevalence and predictors of depression in populations of elderly: a review. *Acta Psychiatrica Scandinavica*, 113(5), 372–387.

[2] Charles, Susan Turk, Reynolds, Chandra A, & Gatz, Margaret. (2001). Age-related differences and change in positive and negative affect over 23 years. *Journal of personality and social psychology*, 80(1), 136.

[3] Beard, John R, & Petitot, Charles. (2010). Ageing and urbanization: Can cities be designed to foster active ageing. *Public Health Reviews*, 32(2), 427–450.

系。其次,老人们的社会身份的城镇化程度与他们的抑郁症状存在显著相关关系。也就是说,社会身份的城镇化水平越低则抑郁症状越严重。最后,城镇化进程中的身份转变显著地缓解了儿童时期逆境经历与晚年抑郁症状之间的关联性。本研究还表明,对于在儿童时期具有低家庭社会经济地位和较差健康状况的人来说,社会身份的城镇化程度越高,则他们的抑郁程度越高。因此,建议政府应制定更多的社会融入性政策,从而确保由城镇化带来的社会福利在全社会成员中得到更为平等的分配。

第五章 家庭居住安排与农村社区老人的抑郁症状

本研究的目的是分析反映在家庭层面的城镇化因素,即家庭居住安排的转变,是如何与家庭的代际支持和中国农村中老年人口的抑郁症状相关联的。具体来说,本研究考察了由于子代外迁出农村家庭所导致的家庭居住安排变化是否与中国农村中老年人口的抑郁症状呈现正向相关关系,以及家庭层面的资源是否在一定程度上抵消了相关的负面影响。

一、研究假设与研究方法

(一)研究假设

根据压力缓冲模型,家庭特征和家庭层面的风险性因素与个体的心理健康有显著的相关关系。并且,家庭和个人资源可能会对这一相关关系产生调节作用[①]。基于这些既有的研究命题,本研究提出了以下两个研究假设:

(1)对于中国农村中老年人而言,与孩子共同居住与较低的抑郁症状存在显著的相关关系;

(2)包括家庭社会经济地位、物质支持和情感支持在内的家庭资源,可以显著缓解由子代外迁对农村中老年人抑郁症状的负面影响。

---

① Acevedo, Gabriel A, Ellison, Christopher G, & Xu, Xiaohe. (2014). Is It Really Religion? Comparing the Main and Stress-buffering Effects of Religious and Secular Civic Engagement on Psychological Distress. *Society and Mental Health*, 2156869313520558.

(二) 研究样本

本研究基于中国健康与退休纵向研究(CHARLS)的子样本。我们使用了三个标准来甄选研究所需要的子样本。这三个标准分别是:①年满45岁或以上;②生活在农村地区;③拥有至少一个成年子女。此外,由于本研究考察了中老年人从子代和其他家庭成员处获得的物质支持,因此我们排除了仅为了教育目的而发生的子代迁移的研究对象。应用这些纳入和排除标准后,CHARLS数据中共留下9 225个样本供本研究进行分析。

(三) 变量的测量

1. 自变量

本研究考察了三种家庭层面的压力缓冲资源,即家庭社会经济状况、物质支持以及家庭成员的情感支持。家庭社会经济状况以家庭年收入来衡量,分为11个从高到低的类别,即"无收入""2 000元人民币以下""2 000~5 000元人民币""5 000~10 000元人民币""1万~2万元人民币""2万~5万元人民币""5万~10万元人民币""10万~15万元人民币""15万~20万元人民币""20万~30万元人民币"以及"超过30万元人民币"。家庭的物质支持包括来自子代、父母和岳父母以及其他亲属的定期和非定期货币和实物支持。我们根据接受这些支持人的估算,将获得的实物支持转换为相应的现金价值。由于货币和实物转移性支持的总和值在分布上存在高度的斜率,因此我们在模型分析时用人民币金额(+1)的对数来编码该变量。我们使用"与非共同居住的子代接触的频率"这一变量来指代情感支持的程度。相关的接触频率分为九个等级组,即从"几乎每天联系"(编码为9)到"几乎从不联系"(编码为1)。共同居住的子代的接触频率直接编码为9。如果被访者有多个孩子,则取平均分。

另一个自变量是家庭居住安排的类型。基于是否与子代生活在一起,本研究将所有研究对象分为三组,即"空巢家庭""隔代家庭"和"与子代共同生活家庭"。在空巢家庭中,没有子代或孙代共同居住,研究对象可能是独自生活,也可能是与配偶或与父母等其他亲属一起生活。在隔代家庭中,研究对象是与孙子、孙女辈一起生活,而子代则不在家中的老年群体。基于中国城镇化的现实状况,子代主要是流入城镇地区打工。而与子代共同生活的家庭类别则包括多种家庭居住安排,包括老人与子代中的一个或多个成员的共同生活。然后,根据这一分类方法,以及子代的迁徙状况(即有或没有子代移徙到其他县/市),本研究最终区分了五种家庭居住安排形式,包括:①没有子代移徙的空巢家庭(简称为 L1);②有子代迁徙的空巢家庭(简称为 L2);③隔代家庭(简称为 L3);④与所有子代共同生活的家庭(简称为 L4);⑤与某个/些子女共同生活,但同时也有子女迁徙的家庭(简称为 L5)。

2. 因变量

本研究使用"流行病学研究中心抑郁量表—简短版"(CES-D - 10)来测量研究样本的抑郁症状。该量表由 10 个词句所组成,它由原始的由 20 个词句组成的量表精简而成。它广泛应用于大样本的社区人口调查中,实践证明其有非常好的信度和效度,心理测量指标特征系数也非常高,与原始版本(即 CES-D - 20)的相关系数也非常高。CES-D 量表在我国社区人口的抑郁症状调查中也经常使用,有较为成熟的中文版本。

3. 控制变量

控制变量包括年龄(以年计)、性别、文化程度(1＝文盲;2＝小学或同等学力;3＝中学或以上)、自评健康(5＝优秀;4＝非常好;3＝良好;2＝一般;1＝差)、日常生活工具活动(IADL)(IADL 残疾人数)和自评收入水平(1＝非常高;2＝相对较高;3＝一般;4＝相对较差;5＝差)。

(四)统计分析

本研究的分析过程分为两个步骤:首先,进行方差分析(ANOVA),以考察五种家庭居住安排的中老年人在抑郁症状、家庭收入水平和家庭物质支持方面是否存在显著差异;其次,本研究进行了多元回归分析,在通过控制社会人口统计学变量的前提下,来检验家庭资源和家庭居住安排是否与抑郁症状存在显著的相关关系。

二、研究结果

表 5 - 1 列出了受访者的描述性统计数据。在人口统计数据方面,51.2%的

受访者是女性,平均年龄为 59.5 岁,他们中的约三分之一(35.0%)人是文盲。在五类家庭居住安排形式中,没有子代移徙的空巢老人(L1)占 15.2%;有子代迁徙的空巢老人(L2)占 20.1%;隔代家庭中的老人(L3)占 7.7%;与所有子代共同生活的家庭(L4)占 41.6%;与某个/些子女共同生活,但同时也有子女迁徙的家庭(L5)占 15.4%。

表 5-1　研究变量的描述性统计分析结果

变量	样本数(百分比)	均值	标准差
样本总量	9 255	—	—
性别			
男性	4 505 (48.7)	—	—
女性	4 743 (51.2)	—	—
年龄(45～100 岁)	9 255	59.5	9.6
教育			
文盲	3 237 (35.0)	—	—
小学	3 873 (41.9)	—	—
初中及以上	2 139 (23.1)	—	—
SRH * (1～5)	9 196	3.19	0.96
IADL * (1=有障碍)	1 962 (21.2)	—	—
SRI * (1～5)	8 497	3.55	0.77
家庭收入水平(1～11)	9 255	4.98	2.59
物质支持	9 224	12.27	0.13
情感支持	9 106	5.88	2.54
家庭居住安排类型			
L1	1 407 (15.2)	—	—
L2	1 864 (20.1)	—	—
L3	709 (7.7)	—	—
L4	3 854 (41.6)	—	—
L5	1 421 (15.4)	—	—
抑郁症状得分(0～30)	8 008	9.32	6.55

注:SRH=自评健康水平;IADL=工具性日常活动水平;SRI=自评收入水平

表 5-2 中汇报了一系列方差分析的结果。数据表明,五种家庭居住安排形式的中老人在抑郁症状评分、人口学特征和家庭资源等方面存在显著的差异性。根据数据分析的结果,五种家庭居住安排形式在抑郁症状($F=9.57$, $p<0.001$)、家庭收入($F=42.15$, $p<0.001$)和物质支持($F=2.52$, $p<0.04$)方面均存在显著差异。具体而言,L4 型的受访者,即与所有孩子一起生活的受访者,与除了 L2 型受访者之外的所有其他类型的受访者相比,他们的抑郁症状均显著更低($p<0.001$)。在物质支持方面,只有在隔代家庭(L3 型)的受访者和 L5 型的受访者之间才发现显著差异,其中 L3 型的受访者受到的支持显著更多($p<0.03$)。此外,有子女移徙的家庭有较高的家庭收入。在所有的家庭居住安排形式当中,所有子女均在身边的类型的受访者(L4 型)的家庭收入最低(p 值均小于 0.001)。

五类家庭居住安排的研究样本在性别、自评健康和 IADL 失能方面不存在显著的差异。但他们在年龄($p<0.001$)、教育水平($p<0.001$)和自评收入水平($p=0.007$)这几个方面存在显著的差异。具体而言,L1 型样本比其他类型的样本年龄更大($p<0.001$);与那些 L4 型样本相比,L1 型的样本的教育水平最低($p<0.001$)。此外,本研究还发现有子女迁徙和无子女迁徙的空巢家庭之间的家庭收入存在显著差异,前者的收入更高($p=0.011$)。

表 5-2　五种家庭居住安排的样本的抑郁症状得分、人口学变量及家庭资源情况($N=9255$)

类型	L1	L2	L3	L4	L5
样本数/人	$N=1\ 407$	$N=1\ 864$	$N=709$	$N=3\ 854$	$N=1\ 421$
平均年龄	63.79	61.63	60.72	56.96	58.68
抑郁症状(平均数)	9.22	9.72	10.09	8.84	9.76
家庭收入(平均数)	5.14	5.50	5.28	4.62	4.97
物质支持(平均数)	12.27	12.27	12.28	12.27	12.26
情感支持(平均数)	4.53	5.20	5.64	6.87	5.47
女性比例/%	51.7	50.0	52.2	51.2	52.0
文盲比例/%	39.9	35.3	37.8	33.5	32.7
健康情况差比例/%	34.0	37.1	37.2	34.9	36.9

（续表）

类型	L1	L2	L3	L4	L5
低收入水平比例/%	43.2	38.0	43.2	41.2	41.0
IADL 障碍比例/%	20.3	20.3	20.9	21.2	23.4

　　在控制了相关社会人口学变量后，本研究使用了四个 OLS 模型来检验家庭居住安排、家庭资源和抑郁症状之间的关系。我们将 L4 型研究样本（即与所有与所有子代共同生活的老人）作为参照组，在模型 1 中将其他四种家庭居住安排与抑郁症状得分进行回归分析。在模型 2 中，我们控制了社会人口学统计变量。在模型 3 中，我们除了加入控制变量外，再加入了与家庭资源相关的两个变量。在模型 4 中，我们同时放入了家庭居住安排类型和家庭资源变量，并控制了社会人口学统计变量。数据分析结果如表 5-3 所示。

表 5-3　抑郁症状得分的回归分析结果（N=7835）

	模型1系数	模型2系数	模型3系数	模型4系数
常数	8.84***	-6.06***	-5.01	-5.40
L1	0.38	-0.47*		-0.66**
L2	0.88***	0.52**		0.43*
L3	1.25***	0.68*		0.58*
L5	0.92***	0.63**		0.46*
家庭收入			-0.14***	-0.15***
物质支持			0.17	0.19
情感支持			-0.16***	-0.16***
性别（参照体：男性）		1.85***	1.77***	1.77***
年龄		0.07***	0.05***	0.06***
教育（参照体：文盲）		-0.34***	-0.31***	-0.31***
自评收入水平 （参照体：非常高）		2.42***	2.35***	2.30***
自评健康水平 （参照体：非常好）		0.23**	0.24**	0.23**

（续表）

	模型1系数	模型2系数	模型3系数	模型4系数
IADL 障碍		−0.08	−0.10	−0.10
调整 R^2	0.004	0.140	0.141	0.144
F	9.57***	128.56***	141.91***	100.97***

注：$*p<0.05$；$**p<0.01$；$***p<0.001$

　　模型 1 的分析结果显示，与 L4 型（与所有子女共同生活）的老人相比，L2 型（有子代迁徙的空巢老人）、L3 型（隔代家庭中的老人）和 L5 型（与某个/些子女共同生活，但同时也有子女迁徙）的老人均显著更高的抑郁症状得分。在模型 2 中，控制了人口学统计变量之后，L2 型、L3 型和 L5 型老人的抑郁症状得分仍然比 L4 型老人更高。然而，L1 型老人的抑郁症状得分变得比 L4 型老人显著更低（$p<0.05$）。模型 3 研究了家庭资源与抑郁症状之间的关系。在控制了人口学统计变量之后，模型 3 的分析结果显示，较高的家庭收入和情绪支持与较低的抑郁症状显著相关（$p<0.001$）；而在物质支持和抑郁症状之间没有发现显著相关性。最后，根据模型 4 的分析结果，在控制了人口学统计变量和家庭资源后，与 L4 型老人相比，L2 型、L3 型和 L5 型老人有显著更高的抑郁症状；与 L4 型老人相比，L1 型老人的抑郁症状显著更低（$p=0.003$）。

三、讨论与总结

　　许多既有的研究文献都已经讨论过家庭居住安排形式对老年人心理健康的影响，但在城镇化背景下，探讨由于子代迁移出农村而造成的家庭居住安排转变对我国农村中老年人心理健康的影响的文献还比较缺乏。在我国城镇化的背景下，家庭居住安排并非农村中老年人自己独立做出的选择，但中国传统的家庭价值观往往主张家庭成员住在一起或者至少是靠近居住[1]。因此，家庭中没有子代共同居住可能会使我国农村老人更容易产生显著的负面心理情绪，

---

[1]　Logan, John R, & Bian, Fuqin. (1999). Family values and coresidence with married children in urban China. Social Forces, 77(4), 1253–1282.

并导致相关的精神障碍。本研究证明了这一判断。本研究的结果表明,与所有子女都在一起生活的农村中老年人口的抑郁症状最低;在控制了人口学统计变量和家庭资源变量后,除了无子代迁徙的空巢家庭中的中老年人外,这群人的抑郁程度仍然显著低于其他家庭居住安排的中老年人。这一发现与既往文献中强调子代在家庭中的重要性的观点相呼应[1]。此外,根据数据分析结果,尽管家庭收入和情感支持与抑郁症状之间存在显著的相关性,但由不与子代共同居住所导致的负面影响没有被家庭资源显著缓解。可能有两方面的原因导致这一结果:一方面,与子代共同居住或邻近居住的积极效应可能无法用金钱或其他物质支持来代替。另一方面,可供农村中老年人口支配的家庭物质资源可能太过有限,无法产生显著的缓解效果。

另一个主要的研究发现是关于生活在空巢家庭中的老人的异质性。数据分析结果显示,生活在没有子代迁徙的空巢家庭中的中老年人(他们的子女可能居住在同一个县的其他社区或在同一社区的不同家庭)的抑郁程度显著低于所有与子女共同居住的中老年研究样本。在控制了人口学统计变量后,这一类型的人群的抑郁症状甚至显著低于与所有子女共同生活的样本。根据现有文献的发现,中等程度的独立性有利于老年人的心理健康[2];而有多个代际成员的家庭则可能更容易受到家庭矛盾的困扰[3];同时,研究还发现一些老年人会更喜欢独立生活。

此外,生活在隔代家庭中的中老年人的心理健康脆弱性值得关注。面对双重压力因素,即没有子代在身边,以及需要承担照顾孙子女的负担,生活在这类家庭的中老年人所呈现的抑郁症状水平最高。这一结果在控制了人口学统计变量和可用的家庭资源变量后仍然稳健。与这一研究发现相反,Silverstein,Cong 和 Li(2006)曾发现中国农村中生活在隔代家庭中的老年人在心理健康方面有显著的优势,这主要是由于他们可以从在城镇地区工作的成年子女那里获得更多的汇款,从而提高了生活水平。这样的研究结果可能存在偏差,因为

[1] Zunzunegui, María Victoria, Beland, Francois, & Otero, Angel. (2001). Support from children, living arrangements, self-rated health and depressive symptoms of older people in Spain. International Journal of Epidemiology, 30(5), 1090 – 1099.

[2] Boyle, Geraldine. (2005). The role of autonomy in explaining mental ill-health and depression among older people in long-term care settings. Ageing and Society, 25(05), 731 – 748.

[3] Zhan, Heying Jenny. (2004). Willingness and expectations: Intergenerational differences in attitudes toward filial responsibility in China. Marriage & Family Review, 36(1 – 2), 175 – 200.

它仅仅是考虑了迁出子代的金钱支持。实际上,农村家庭也可以从父母和兄弟姐妹等子代以外的家庭成员那里获得金钱和其他形式的物质支持。本研究通过增加所有家庭成员的物质支持来规避这一研究局限性。除了在隔代家庭和L5型家庭中发现了显著的家庭物质支持差异外,在其他几种类型的家庭居住安排之间均不存在显著的家庭物质资源差异。同时,我们也没有发现物质资源与抑郁症状得分具有显著相关关系。

总而言之,本子研究基于 CHARLS 数据库的子样本,检验了两个研究假设。首先,我们的研究发现与孩子生活在一起与中老年人较低的抑郁症状有显著相关关系,对于那些独立生活但所有孩子都住在附近的中老年人来说尤其如此。其次,家庭资源,包括家庭收入、来自家庭成员的物质支持和子代的情感支持,无法有效缓解子代迁出农村家乡对中国农村中老年人口心理层面的负面影响。本研究建议应对隔代家庭中的中老年人的心理健康予以特别关注。

第六章　社区环境重构与农村社区老人的抑郁症状

已有的研究文献表明,成人的抑郁症状与他们所居住社区的社会经济条件和物质环境密切相关。一些社区环境因素,如社区经济结构、社区基层组织、娱乐设施和基础设施等都可能会影响社区居民的心理健康[1]。此外,社区层面的干预措施,如步行设施改善和交通提升计划,被许多研究证明可以有效减少居民的抑郁症状[2]。因此,社区环境重构对于社区居民,尤其是老年居民来说,既可能是心理健康的风险,也可以是增进心理健康的机会。

本研究的目的是研究城镇化在社区层面的体现,即社区环境重构是如何与中国农村中老年人口的抑郁症状相关联的。具体来说,它考察了社区土地征收是否与中国农村中老年人的抑郁症状有关,以及社区环境层面的变化,即社区物质环境和社会经济环境的重构是否对这一相关关系有显著的中介作用。本研究的调查结果将阐明社区重组与老年人心理健康之间的关系。特别地,对相关中介因素进行更为细致的了解可以有助于制订更为优化的农村社区发展计划。

---

[1]　Yeatts, D. E., Pei, X., Cready, C. M., Shen, Y., Luo, H., & Tan, J. (2013). Village characteristics and health of rural Chinese older adults: Examining the CHARLS Pilot Study of a rich and poor province. *Social Science & Medicine*, 98, 71 - 78.

[2]　Quijano, L. M., Stanley, M. A., Petersen, N. J., Casado, B. L., Steinberg, E. H., Cully, J. A., & Wilson, N. L. (2007). Healthy IDEAS: A depression intervention delivered by community-based case managers serving older adults. *Journal of Applied Gerontology*, 26(2), 139 - 156.

一、研究假设与研究方法

（一）研究假设

根据根本原因理论（Fundamental Causes Theory），社区的社会经济地位与居民的心理健康存在显著的相关关系，因为前者一方面影响了预防心理问题的资源的可及性，另一方面也可能增加或减少社区中的心理健康风险[①]。这一相关关系在社区老年人口中体现得尤为明显，因为受制于较弱的身体机能，他们的活动范围往往局限于所居住的社区中。基于这一生态学研究框架，本研究提出了以下三个研究假设：

（1）农村社区的土地征收与中老年人的抑郁症状存在显著相关性；

（2）农村社区的物理环境是社区土地征收与中老年人抑郁症状之间的关系的显著中介变量；

（3）农村社区的社会经济环境是社区土地征收与中老年人抑郁症状之间的关系的显著中介变量。

（二）研究样本

本研究主要基于对 CHARLS 数据库的二手数据分析。该数据库对于我国 45 周岁以上的人口有较好的代表性。本研究主要关注农村社区老人的精神健康水平，因此选取了数据库所调查的 303 个农村社区中的 12 628 名中老年居民，其中每个社区包含 12～86 个研究样本。除个体层面的情况外，本研究还提取了社区层面的数据。

（三）变量的测量

本研究的因变量是抑郁症状。本研究使用"流行病学研究中心抑郁量表——

---

① Phelan，Jo C，Link，Bruce G，& Tehranifar，Parisa.（2010）. Social conditions as fundamental causes of health inequalities theory，evidence，and policy implications. *Journal of health and social behavior*，51(1 suppl)，S28－S40.

简短版"(CES-D‑10)来测量研究样本的抑郁症状。该量表由 10 个词句所组成,它由原始的由 20 个词句组成的量表精简而成。它广泛应用于大样本的社区人口调查中,实践证明其有非常好的信度和效度,心理测量指标特征系数也非常高[1],与原始版本(即 CES-D-20)的相关系数也非常高。CES-D 量表在我国社区人口的抑郁症状调查中也经常使用,有较为成熟的中文版本[2]。研究样本从每个问题的四个选项中选择一个答案(0="很少或没有",1="一些时候",2="时不时",3="大多数或全部的时候")。将 10 个项目的得分总计为总得分,较大的值表示较高的抑郁程度。本研究的自变量是农村社区的土地征收状况。与其他地方一样,我国农村地区的城镇化过程通常始于土地征用和土地用途的改变,这通常会导致社区环境结构的重组。本研究将该变量编码成一个哑变量,即 1 代表农村社区在最近十年有被征用过土地,而 0 则代表没有。

　　本研究提出了 5 个可能的中介变量,包括基础设施、娱乐设施、基层组织、非农业产业发展和福利收入计划。前两个属于物理环境维度,而其余三个则属于社会经济环境维度。本研究还构建了一个包含 6 个基础设施项目的测量指数。它们包括"公共汽车服务""下水道系统""厕所系统改造""自来水""天然气或液化气"以及"污物管理服务"。

　　本研究还编码了 3 个二分类变量,以测量农村社区中的娱乐设施、基层社会组织和福利收入计划的可及性。根据 CHARLS 数据库中的题目,休闲设施包括"篮球场""游泳池""户外健身器材""桌球""纸牌游戏和棋牌室",以及"乒乓球室"。基层社会组织则包括"书画协会""舞蹈队""老人和残疾人帮扶组织""就业服务机构""老年人活动中心"和"老年人协会"。福利收入计划包括"最低生活保障""失业补贴"和"养老金补贴"三项。对于这三个变量,如果相关社区具有一个或多个项目则被编码为 1,否则就编码为 0。关于非农业产业的发展,本研究用在社区中从事非农业工作的家庭百分比作为测量指标。

　　在数据分析中,我们控制了 4 个社会人口学变量。它们分别是:性别(1＝

① Björgvinsson,Thröstur,Kertz,Sarah J,Bigda-Peyton,Joe S,McCoy,Katrina L,& Aderka,Idan M. (2013). Psychometric Properties of the CES-D-10 in a Psychiatric Sample. *Assessment*,20(4),429-436.

② 冯克曼,王佳宁,于静.认知情绪调节和领悟社会支持在大学生情绪表达冲突与抑郁间的作用[J].中国临床心理学杂志,2018,26(02):391-395.

男性;2＝女性)、年龄(以年为单位)、受教育程度(1＝文盲;2＝小学或同等学力;3＝中学或以上),以及自评收入标准(1＝非常高,2＝相对较高,3＝一般,4＝相对较低,5＝低)。

(四) 统计分析

本研究在数据分析过程中使用了多层次的中介分析模型(multi-level mediational analysis),目的是分析社区环境重构与抑郁症状之间是否存在显著相关性;如果存在,哪些社区环境因素是这一关系的显著中介变量。首先,为了证明使用多层次模型的可行性,本研究在零模型中计算了组内相关系数(intra-class coefficient)。然后再将社区的土地征用状况和一系列控制变量纳入模型,以检查自变量和因变量之间是否具有显著的相关关系。最后,模型再纳入 5 个社区层面的环境因素作为中介变量,以检查它们的显著性。本研究中所有统计分析过程均使用 Mplus 7.0 进行。

二、研究结果

表 6-1 中汇报了本研究中所有研究变量的描述性统计数据。在 303 个农村社区中,有 117 个社区存在土地被征用的情况,涉及 4 628 名受访者。在所有社区中,54.1% 的社区拥有娱乐设施,46.9% 的社区拥有基层社会组织,88.1% 的社区有福利收入保障计划。各个农村社区中,从事非农业工作的家庭所占的百分比和基础设施项目的数量均存在较大差异。

表 6-1　本研究中所有研究变量的描述性统计数据结果

	社区 $N=303(\%)$	个体 $N=12\ 628(\%)$	均值	标准差
因变量				
抑郁症状(0~30)	—	—	9.07	6.50
自变量				
土地征收	117 (38.6)	4 628 (36.6)	—	—

（续表）

	社区 $N=303$（%）	个体 $N=12\ 628$（%）	均值	标准差
中介变量				
基础设施（0～6）	—	—	2.67	1.65
娱乐设施	164（54.1）	6 541（51.8）	—	—
基层社会组织	142（46.9）	5 669（44.9）	—	—
从事非农业工作家庭所 占的百分比/%	—	—	19.2	0.30
福利收入项目	267（88.1）	11 056（87.6）	—	—
控制变量				
年龄/岁	—	—	58.99	9.80
性别（女性）	—	6 394（50.6）	—	—
教育				
文盲	—	4 117（32.6）	—	—
小学或同等学历	—	5 339（42.3）	—	—
初中或以上	—	3 149（24.9）	—	—
自评收入水平				
非常高	—	21（.2）	—	—
比较高	—	298（2.4）	—	—
一般	—	6 078（48.1）	—	—
比较差	—	3 558（28.2）	—	—
差	—	1 596（12.6）	—	—

　　多层次模型的建模结果如表 6-2 所示。模型 1 是零模型，基于该模型可以计算组内相关系数（ICC），即 $5.22/(5.22+37.0)=12.36\%$。这意味着社区层面因素解释了 12.36% 的抑郁症状差异，这表明使用多层次模型是有必要的。模型 2 纳入了社会人口学统计变量，它大大降低了 AIC 和 BIC 系数，并改善了模型拟合优度。它表明年龄、性别、教育和自评收入是社区中老年人抑郁症状的重要预测因子（$p<0.001$）。根据数据分析结果：年龄较小、男性、受过高等教育、自我评定的收入水平较高，都与较低的抑郁症状呈现显著相关关系。模型

3 纳入了自变量,即社区的土地征收状况。结果表明,在控制了四项人口学特征变量后,居住在存在土地征用情况的社区的中老人比居住在没有土地征用情况社区的中老年人的抑郁症状要低 75 个单位($p < 0.01$)。并且,在模型 3 中 AIC 和 BIC 值比模型 2 中的小,表明模型拟合优度得到进一步改善。

表 6 - 2　社区土地征用与抑郁症状得分之间的多层次回归模型分析结果

固定效应	模型1	模型2	模型3
截距	9.03***	8.67***	8.20***
性别(参照组:女性)	—	−1.86***	−1.86***
年龄	—	0.07***	0.07***
教育(参照组:文盲)			
小学或同等学力	—	−1.10***	−1.10***
初中及以上	—	−1.30***	−1.29***
自评收入(参照组:差)			
非常高	—	−7.52***	−7.56***
比较高	—	−6.04***	−5.99***
一般	—	−4.75***	−4.75***
比较差	—	−2.56***	−2.57***
土地征用(参照组:未征用)	—	—	−0.75**
随机效应	模型1	模型2	模型3
残差	37.00***	32.40***	32.49***
截距	5.22***	4.06***	3.97***
模型拟合优度数据			
AIC	70 704	68 585	68 268
BIC	70 718	68 600	68 283

注:*$p < 0.05$,**$p < 0.01$,***$p < 0.001$。

表 6 - 3 报告了多层次中介模型的数据分析结果。当多层次中介模型纳入五个社区层面的中介变量后,社区土地征用与社区中老年居民的抑郁症状之间的相关性变得不再显著($p = 0.39$)。对于农村社区而言,土地征用往往意味着

社区会有更多资源和财力去建设更多的基础设施、娱乐设施和发展基层社会组织。然而,统计数据显示,只有基础设施和基层社会组织是社区土地征用状况与农村中老年人口抑郁症状之间关联的重要中介变量。

表 6 - 3　多层次中介模型的数据分析结果

	基础设施	娱乐设施	基层社会组织	工业发展	福利收入项目
土地征用（a）	0.90***	0.24***	0.27***	0.07	0.04
抑郁症状（b）	−0.34***	−0.28	−0.63*	0.20	−0.29
间接效应（a*b）	−0.31**	−0.07	−0.17*	−0.01	−0.01
置信区间	[−0.47,−0.15]	[−0.18,0.05]	[−0.32,−0.03]	[−0.03,0.06]	[−0.04,0.02]

注:研究样本的人口学特征已作为控制变量纳入模型;$*p<0.05,**p<0.01,***p<0.001$。

三、讨论与总结

本研究发现,作为城市扩张的结果之一,农村社区环境重构总体上对我国农村社区中老年人口以抑郁症状为代表的精神健康产生了积极影响。这一发现与以往的一些研究结果并不相符。有的研究表明社区环境重构是社区居民精神和心理健康的显著风险性因素[1]。可能有三方面的原因导致这一差异:第一,学者是用不同的话语去分析和研究发生在发达国家和发展中国家的城市扩张问题的。对于发达国家中的城市扩张,既有研究大多关注随之而来的低密度、单一功能和依赖汽车的社区的发展问题[2]。这些社区的人们可能会面临诸

① Yanos，Philip T. (2007). Beyond "Landscapes of Despair"：the need for new research on the urban environment，sprawl，and the community integration of persons with severe mental illness. *Health & Place*，13(3)，672 - 676.
② Couch，Chris，Leontidou，Lila，& Petschel-Held，Gerhard. (2007). *Urban sprawl in Europe*：Wiley Online Library.

如通勤时间较长、身体活动不足以及社区凝聚力较低等后果①。另一方面,由于人口和经济特征不同,中国和其他新兴经济体的城市扩张更加注重经济发展、当地工业产业的扩张、基础设施和住房现代化,以及生活方式的城市化等议题②,而这些因素相对更可能会对社区居民的心理健康产生积极影响。

第二,可能是两类研究研究的重点不同。由于城市扩张是一个人才和资本集聚的过程,它可能会吸引其他邻近社区的资源并导致其他未被城市扩张所辐射社区的衰退③。因此,资源外流社区居民的心理健康风险可能会增加,如就业机会的减少和与家人分离等。然而,本研究并不是关注某单一类型的社区,而是对有土地征用和没有土地征用的社区进行比较,而土地征用是中国农村地区资源重组和集聚的一种主要实现方式。因此,研究结果只能为这两类社区之间的差异性提供直接证据,而不能为一类社区的衰落是由于其他类型社区的资源集聚和吸纳作用所致提供任何实证证据。

第三,我国社会的二元结构也是促成生活在有征地发生的农村社区中的居民的心理健康优势的重要原因之一。我国在 20 世纪 50 年代确立的户籍制度旨在管控从农村地区到城镇地区的人口流动。该制度根据出生地或父母的户口状态,将中国人的社会身份严格区分为农业身份和非农业身份。这种身份差异对个体生活具有重大的社会、政治和经济影响。到目前为止,我国的主要社会福利待遇仍然是根据户籍来进行分配,对非农业户籍持有者给予了优先考虑。半个多世纪以来,该体系的持续存在已经形成了中国农村和城市居民之间社会经济地位的巨大不平等,这反过来又导致了显著的心理健康的差异④。因此,由城镇化导致的当代中国的农村社区结构的调整,可以被认为是农村居民提升社会经济地位和获取原有农村环境所缺乏的各种社会资源的难得机会。

① Costley, Debra. (2006). Master planned communities: do they offer a solution to urban sprawl or a vehicle for seclusion of the more affluent consumers in Australia? *Housing, theory and society*, 23(3), 157 - 175.

② Henderson, Vernon. (2002). Urbanization in developing countries. *The World Bank Research Observer*, 17(1), 89 - 112.

③ Fraser, Cait, Jackson, Henry, Judd, Fiona, Komiti, Angela, Robins, Garry, Murray, Greg, Hodgins, Gene. (2005). Changing places: the impact of rural restructuring on mental health in Australia. *Health & Place*, 11(2), 157 - 171.

④ Zimmerman, Frederick J, & Katon, Wayne. (2005). Socioeconomic status, depression disparities, and financial strain: what lies behind the income—depression relationship? *Health Economics*, 14 (12), 1197 - 1215.

本研究还发现,农村社区的基础设施和基层社会组织的存在是社区环境重构与社区中老年人抑郁症状之间的关系的显著中介变量。已有研究表明基础设施水平的提高会对社区居民心理健康产生积极影响[1]。与此同时,社区层面的干预措施,如步行和交通改善计划,会提高居民的心理健康水平[2]。

此外,应基于我国的历史背景来考察农村基层社会组织的中介作用。中国农村传统上是一个稳定的、由血缘纽带所构建的熟人社会。在新中国成立最初几十年的政治运动中,这种情况发生了较为根本性的变化,一个主要的表现就是传统宗教和祖先崇拜的式微[3]。自 20 世纪 70 年代末改革开放以来,随着工具主义和经济理性的泛滥,我国农民的精神生活被进一步削弱[4]。因此,在城市化进程中在农村基层发展基于兴趣和互助的社会组织,可以成为组织和重构农村社会和精神生活的新途径,从而对农村中老年居民的心理健康产生积极影响。

值得注意的是,一些社区社会经济因素对土地征收与中老年居民的抑郁症状之间的关系没有产生显著的中介效应,这可能揭示出了中国城镇化政策的一些不足之处。一方面,本研究的数据分析结果显示,有征地的农村社区并未在制定老年人的收入保障计划方面做得明显更好。长期以来,我国的城镇化一直被批评过分关注“硬件”(即基础设施),而忽略了受影响人群的利益等“软件”层面[5]。实际上,土地征收已演变成为我国农村社会冲突发生的重要原因,主要是由于该过程中利益分配的不平等和不透明。未来的城镇化政策应更加注重以人为本,更多地考虑被征地农民的就业和收入保护问题。另一方面,本研究也未发现土地征收与非农产业发展之间存在显著相关性,这意味着有征地情况

[1] Wells,Kenneth,Miranda,Jeanne,Bruce,Martha L,Alegria,Margarita,& Wallerstein,Nina. (2004). Bridging community intervention and mental health services research. *American Journal of Psychiatry*,161(6),955 - 963.

[2] Sugiyama,Takemi,Leslie,E,Giles-Corti,Billie,& Owen,N. (2008). Associations of neighbourhood greenness with physical and mental health: do walking, social coherence and local social interaction explain the relationships? *Journal of Epidemiology and Community Health*,62 (5),e9 - e9.

[3] Zhou,Xueguang. (1993). Unorganized interests and collective action in communist China. *American Sociological Review*,54 - 73.

[4] Wilson,Scott. (2002). Face,norms,and instrumentality. In T. Gold,D. Guthrie & D. Wank (Eds.),*Social Connections in China*(pp. 163 - 178). Cambridge:Cambridge University Press.

[5] 李慧,葛扬.中国城市化质量的测度与比较——基于 227 个城市的全局主成分分析[J].河北地质大学学报,2018,41(05):84 - 90.

的农村社区的非农业收入比例没有显著高于未被征地的农村社区。从经济角度来看,城镇化进程伴随着制造业和服务业在经济中占比的增加,以及农业经济占比的下降①。经济结构未随着城镇化的深入而发生相应的变化可能会削弱我国城镇化的可持续性。

本研究尚存在一些局限性。首先,我们无法获得足够的信息来考察或控制其他一些重要的社区层面的中介性因素,如社区凝聚力和精神卫生服务的可及性。已有的研究文献有充分的证据表明这两个因素对社区居民的心理健康有重要影响②。此外,由于该研究是基于截面数据,我们无法考察土地征收与农村中老年人口的抑郁症状之间的因果关系。

尽管有上述限制,我们认为这项研究增加了对社区环境重构与中老年人抑郁症状之间的关系的理解。也就是说,通过提升基础设施建设水平和发展基层社会组织,农村社区环境的重构可以给当地中老年人的心理健康带来积极的影响。这一发现可能对世界各国的城市化政策产生重要的影响。为了保障受城市化影响的社区的居民的福祉,政策制定者一方面要注重加强当地的基础设施建设,如水和能源供应、公共交通和卫生系统等;另一方面,应通过培养基层社会组织来重建当地的社会关系和精神文化网络,而这些基层社会组织会通过发掘社区居民的共同爱好和志愿者精神来重建社区关系。

总而言之,本研究基于 CHALRS 数据库的子样本检验了三个研究假设。首先,根据数据分析,我国农村社区的土地征收与中老年居民的抑郁症状呈现显著相关关系,有征地情况的社区的中老年居民比未被征地社区的中老年居民的抑郁症状评分低 75 个单位($p < 0.01$)。第二,在社区物理环境方面,我们发现社区基础设施的数量是社区土地征收与中老年居民抑郁症状之间关系的显著中介变量($p < 0.01$);而是否有休闲娱乐设施并没有产生显著的中介效应。第三,在社区的社会经济环境方面,我们发现社区的基层社会组织是社区土地征收与中老年居民抑郁症状之间关系的显著中介变量($p < 0.05$);而非农业产业发展的发展水平和是否有福利收入保障计划并没有产生显著的中介效应。

① Moomaw, Ronald L, & Shatter, Ali M. (1996). Urbanization and economic development: a bias toward large cities? *Journal of Urban Economics*, 40(1), 13 – 37.

② Pirkola, Sami, Sund, Reijo, Sailas, Eila, & Wahlbeck, Kristian. (2009). Community mental-health services and suicide rate in Finland: a nationwide small-area analysis. The Lancet, 373 (9658), 147 – 153.

这些研究发现增加了对城镇化背景下社区环境重构与中老年人抑郁症状之间关系的理解。它还可能对我国及其他一些发展中国家产生重要的政策启示。也就是说,城市化政策不仅要关注农村社区物质环境的重塑,还要关注当地人民参与的基层社会组织的发展、地方经济结构的升级,以及收入保障和其他福利政策的推出。

第七章　促进社区老年人精神健康的国际经验

在长期的实践中,许多西方发达国家探索出了适合本地区的社区老年人实际情况的精神健康促进和干预模式。这些模式在制度背景、设计准则、服务的老年人群、资源供给和服务模式等方面均存在差异,但它们在其所在国家均有较好的实施效果,有的还跨越国界,为其他国家和地区所借鉴,并滋生出新的、符合所在地特点的本土化模式。

一、美国的 PACE 模式

(一) 项目背景

美国老年全面照护计划(Program of All-Inclusive Care for the Elderly,PACE)是由美国的 Medicare 所资助的一项为 55 岁及以上的成年人提供照护服务的项目。这些老年人都有资格获得疗养院护理,但基本能够在社区环境中安全地生活。PACE 项目只能在选择向 Medicaid 受益人提供 PACE 服务的州中中施行,以作为一项选择性的 Medicaid 福利。大约 90% 的 PACE 参与者都有 Medicare 和 Medicaid 的双重资格。

PACE 项目的实施机构从 Medicare 和 Medicaid 处获得款项来为项目参与者提供全面的护理,并承担所有承保服务的全部财务风险。PACE 项目的核心构成包括:①提供服务的成人日间健康中心;②由必要的成员所组成的跨学科护理小组,包括初级保健提供者、注册护士、督导级别的社会工作者、家庭护理协调员、物理和职业治疗师、营养师等。由于 PACE 项目的实施机构可灵活地提供服务以满足其参与者的需求,所以不同机构的项目设计和跨学科服务小组的构成(通常会超出所规定的成员)会有所差异①。截至 2018 年 1 月,共有来自 31 个州的 124 个 PACE 项目机构为超过 4.5 万名参与者提供了服务。PACE 项目的注册人数比 2011 年的 2 万名参与者增加了一倍还多。

超过 40% 的 PACE 项目参与者被诊断为符合严重精神疾病(SMI)的标准,这些精神疾病通常包括精神分裂症、分裂性情感障碍、重度抑郁症和双相情感障碍等。由于患有严重精神疾病的老年人的总量在增加,因此患有严重精神疾病的 PACE 项目参与者数量也在增加②。此外,许多 PACE 组织的年龄在 55 岁至 64 岁之间的参与者比例较高,这些参与者的心理健康诊断率较高。

大约 90% 的 PACE 参与者双重符合 Medicare 和 Medicaid 的资格,代表主要通过不同的计划和支付系统获得身体健康、行为健康以及长期服务和支持(LTSS)的人群。符合条件的成年人和行为健康状况,以及功能限制,往往经历过零散的护理与有限的护理协调,这可能导致低质量的护理和高成本。通过混合的 Medicare-Medicaid 支付模式,PACE 组织有可能提供集成行为和身体健康服务,以及 SMI 参与者的 LTSS。

虽然医疗保险和医疗补助服务中心不要求 PACE 组织将心理健康和精神病专家纳入跨学科护理团队,但越来越多的这些组织正在这样做,以更好地满足精神疾病或有物质滥用行为的参与者的需求。然而,较小的 PACE 组织可能拥有较少的资源来雇用临床行为健康医生。在确定如何为重度精神疾病参与者提供行为健康护理时,PACE 组织需要制定适合其规模,参与者健康特征和财务考虑因素的策略,同时考虑社区精神卫生服务提供者的关系和可用性。

在西部卫生政策中心的支持下,卫生保健战略中心(CHCS)进行了审查,以确定有效的提供行为卫生保健的做法,并采访了 PACE 组织、Medicare Advantage 特殊需求计划和 Medicaid 管理式医疗计划的管理者。确定他们如何满足重度精神疾病患者的需求。

---

① Centers for Medicare & Medicaid Services. "Enrollment by Contract,2011—2018." Available at: https://www. cms. gov/Research-Statistics-Data-and-Systems/Statistics-Trends-and-Reports/ MCRAdvPartDEnrolData/Monthly-Enrollment-by-Contract-Items/Enrollment-by-Contract-2018-05.html.

② D.V. Jeste,G.S. Alexopoulos,S.J. Bartels,J.L. Cummings,J.J. Gallo,G.L. Gottlieb, et al. "Consensus Statement on the Upcoming Crisis in Geriatric Mental Health: Research Agenda for the Next Two Decades." *Archives of General Psychiatry*,56,no.9 (1999):848 – 853.

通过文献综述和对组织管理者的访谈，该项目总结，在寻求改善行为健康服务提供的 PACE 组织时可考虑采用以下方法：

（1）设计参与者评估过程，识别并立即支持复杂的需求；

（2）调整跨学科护理团队的角色，以满足患有重度精神疾病的老年人的需求；

（3）在实施新的行为健康护理模式和持续改进期间优先培训；

（4）创建满足参与者需求的治疗环境；

（5）通过与外部提供商签订合同，建立合作伙伴关系。

以下部分将从这五个方面来介绍 PACE 项目的内容和特点。

（二）设计参与者评估过程、识别并立即支持复杂的需求

为 PACE 参与者提供全面的行为健康服务的第一步是设计预注册，准入和持续评估，以有效识别那些有行为健康需求的个体。虽然 PACE 组织使用各种临床工具进行行为健康评估，但创新流程和人员配置结构可能会提高这些工具的有效性。这些方法包括：①在被服务项目接收前开始评估；②设计适应各种文化背景的人群的评估；③使用综合评估对参与者进行分层，以有效地调整所提供护理的强度。

PACE Southeast Michigan（PACE SEMI）在参与者筛选过程中进行行为健康检查。如果筛查结果表明存在行为健康问题，行为健康专家会在接收老人前对老人进行全面评估，并在老人进入项目的第一周内安排后续预约。然后以 6 个月的间隔时间对整个参与者群体进行行为健康生命体征筛查，包括抑郁、焦虑、饮酒和阿片类药物使用。通过定期筛查所有参与者，PACE SEMI 减少了行为健康评估的耻辱感。被筛选为阳性的参与者积极转变身份，他们也成为现场工作人员和健康服务提供者，对他们进行全面评估和简短干预。此外，PACE SEMI 使用诸如 ESFT（解释/社交/恐惧/治疗）筛查等评估来坚持治疗，以提供尊重和响应不同老年人群的健康信念、实践以及文化和语言需求的护理及服务。

Rocky Mountain PACE 和 Providence ElderPlace Portland 也在事前评估老人的精神健康需求。两个组织都在老人正式进入项目之前，引入跨学科服务小组来进行精神健康评估和参与协作规划。Rocky Mountain PACE 使用此

信息为每位参与者设计护理计划和建立跨学科服务小组。该团队识别具有最高风险水平的人力资源，并确保他们快速接受完整的行为和精神健康评估和干预。通过这一过程，Rocky Mountain PACE 报告说，它提高了有行为健康需求的参与者的准入率和保留率以及所提供的护理水平。Providence ElderPlace Portland 专注于患有较为严重的精神和心理健康疾病的参与者，并与跨学科团队和精神科护士从业者分享他们的项目准入前的评估，以在进入项目的第一个月内进行全面的精神病学评估。两个组织继续每六个月评估一次抑郁症。Providence ElderPlace Portland 也为重度精神疾病患者提供认知症的筛查服务。

服务人数较多的 PACE 组织可以从使用评估来广泛定制行为健康护理协调方法中受益。为了满足不断增长的精神疾病患者群体的需求，英联邦护理联盟（CCA）根据医疗、行为和社会需求对重度精神疾病患者进行分类。然后，CCA 根据需求的复杂性调整其护理协调方法，使用以下层次：

（1）需求极其复杂的会员可获得强化的医疗和/或行为健康支持，并与行为健康专家合作，协调所有护理工作；

（2）中度复杂需求的会员接受家庭护理协调；

（3）低复杂性需求的会员接受电话护理协调；

（4）与 CCA 社区合作伙伴（如社区行为健康提供者）建立了强烈关联关系的会员继续看到这些提供者促进长期、信任和治疗关系。

（三）协调跨学科护理团队的角色，以满足重度精神疾病老年人的需求

虽然所有 PACE 组织都有一个具有明确核心成员资格的跨学科护理团队，但每个组织都可以根据参与者的需求改变团队的结构和组成。创新的PACE 组织和健康计划设计了跨学科团队，通过以下方式满足患有重度精神疾病的老年人的需求：①创造新的员工角色；②通过协作护理模式将行为健康传递纳入初级保健；③强调健康；④改变参与者小组的规模，为他们的需要提供适当的护理。

对于罗德岛 PACE 组织（PACE RI），行为健康联络员管理参与者分流，安排初始精神病学和咨询访问，推动与跨学科护理团队的月度会议，以审查参与者的进展，设置交通，并密切监控参与者的记录。由于 PACE RI 雇用的是领

导咨询和案例管理服务的社会工作者,行为健康联络人确保没有一个社会工作者为参与者执行两种角色;联络人还确保需要密切监督的参与者可以获得额外的一对一护理。PACE RI 限制社会工作案例管理人员为 SMI 患者进行强化病例管理的咨询案例数量。南方国家健康联盟是一项为医疗补助和双重资格成员提供服务的健康计划,也减少了与 SMI 成年人一起工作的案件管理员的成员小组,以便为其成员提供更多支持。

PACE SEMI 和 Providence ElderPlace Portland 都使用协作护理模式将行为健康纳入初级护理环境中跨学科团队的所有要素。协作护理模式的关键要素已在一系列环境中实施,包括初级保健提供者、护理管理人员(如行为健康专家)和精神病顾问提供的护理。在 PACE SEMI,行为健康专家提供筛查和评估,参与和教育参与者和护理人员,领导后续护理,进行简短的咨询和/或心理治疗会议,并促进初级保健医生和精神病顾问之间的沟通和转介。在 Providence ElderPlace Portland,精神科护士从业人员和心理健康案例管理人员为患有重度精神疾病的参与者提供个人护理,并为任何有行为健康需求的参与者提供跨学科团队的咨询,比如可以对老年精神科医生进行病例咨询。

协作护理模型已被证明对重度精神疾病患者是有效的。该模型的核心组成部分是利用基于测量的护理来跟踪经验证量表的变化,并根据需要调整治疗。PACE SEMI 和 Providence ElderPlace Portland 的跨学科团队执行以下关键措施:①行为健康转介和服务;②精神药物使用;③精神病住院和急诊科就诊;④抑郁症筛查、治疗和结果。

卫生计划还引入了新的人员配置职位,以反映对综合医疗的重视。社区护理行为健康组织(社区护理),为宾夕法尼亚州的医疗补助和双重合格受益人提供服务的管理式医疗机构,以培训现有的病例管理者和同伴成为健康管理者。这些健康管理人员在健康护士的监督下,嵌入社区并成为精神健康服务的提供者,他们的职责包括:①为患有重度精神疾病的会员制定量身定制的健康计划;②为存在行为健康问题的人员确定健康目标并采取措施;③与初级保健提供者沟通;④提供转介服务。

CCA 雇用老年病学支持协调员,负责处理所有长期服务并支持需求。这些协调员支持成员访问并可帮助他们安全地保持社区环境的关键服务,例如药物调节和依从性干预。CCA 发现,这一职位的员工与会员建立了信任关系,因为他们促进了关键服务的提供。虽然他们并不专注于行为健康需求,但他们经常与行为健康团队沟通以保证协调护理。

这些构建跨学科护理团队的方法可能对将行为健康服务纳入其整体护理模式的 PACE 组织有所帮助。组织可以专注于发展护理协调员工角色,将行为健康整合到初级护理的服务提供中,并强调健康以有效满足重度精神疾病的老年人的需求。

(四)在实施新的行为健康护理模式和持续改进过程中优先考虑培训

优秀的 PACE 组织和健康计划投资于培训和设计持续改进计划,以更好地满足患有重度精神疾病的老年人的需求。有效的做法包括:①向前线员工、护理人员、项目参与者和合作伙伴提供培训;②投资培训和改进模式,以迅速传播新的护理模式。随着 PACE 组织计划扩展行为健康服务,量身定制的培训方法可能对准备员工和其他利益相关者以推动组织变革特别有益。

PACE 组织为合作伙伴、项目参与者、护理人员和一线员工设计了培训计划。CentraCare 为其签约的县级心理健康机构提供与 PACE 人群合作的培训,并且该机构为 PACE 员工开展针对心理健康的特定主题培训。PACE SEMI 为护理人员和参与者提供培训,以支持自我管理和支持生活环境的构建。主题包括创伤知识护理、动机访谈和行为医学。PACE SEMI 还为精神卫生急救中的前线工作人员提供了全天培训,其中涉及心理健康问题的风险因素和症状,并为员工制定了制定危机中个人行动计划的策略。在 SAMHSA 基于证据的项目登记表中列出的这项培训之后,PACE SEMI 工作人员报告说,他们更加有信心并且能够更好地准备好支持越来越多的有行为健康需求的参与者。

社区护理已经与合作伙伴一起使用劳动力培训和学习协作,针对重度精神疾病患者提供其创新的行为健康家庭模式。该模型被称为 Behavioral Health Homes Plus,它将身体健康和健康指导整合到社区心理健康提供者提供的病例管理和同伴支持服务中。

社区护理组织与社区精神卫生服务提供者一起组织健康培训,以提高员工对患有重度精神疾病成员身体健康状况的认识和技能。计划领导者使用"培训培训师"方法在 11 个站点中经济高效地实施 Behavioral Health Homes Plus

模型,此后,该模型已经扩展到 50 多个心理健康计划。通过使用医疗保健改进研究所的突破系列模型来学习协作,健康护士和其他行为健康提供者监控干预措施和共享数据,以实现跨站点的快速周期改进。这种全面的共享学习方法促进了健康目标的实现、患者的自我管理、行为和身体健康服务提供者之间的沟通,以及增进了服务提供者对健康和保健工作的信心。社区护理还组织了月度网络研讨会和保真度工具,用于机构自我评估,以促进持续学习和改进。

随着 PACE 组织寻求建立或扩展行为健康服务,实施这些培训方法可能有助于员工更有效地参与和服务这些弱势群体。这些培训还可以帮助其与可能不熟悉 PACE 护理模式的合同行为健康提供者建立积极的关系。PACE 组织和受访的健康计划强调了培训的重要性,不仅要采用新的护理模式,还要进行持续改进。

(五) 创建一个满足参与者需求的治疗环境

日间中心是提供 PACE 服务的主要地点。患有重度精神疾病的参与者可能会做出对机构员工和其他计划参与者有影响的行为。因此,为患有重度精神疾病的老年人提供服务的 PACE 组织的一个重点任务是构建一个平衡的环境,即在日间中心里平衡所有人的关系,包括参与项目的老人(不论是否患有重度精神疾病)和日间中心工作人员。

为了尽量减少破坏性行为和消除机构员工的不受尊重的感觉,PACE RI 发起了"尊重运动"。在此活动中,尊重委员会吸收了日间护理、交通、行为健康、活动、社会工作和运营人员的代表。该团队共同为具有破坏性行为的服务对象制定了行为干预计划,由整个跨学科团队进行监督审核,并附在电子健康记录中。所有新员工都接受了这些计划的教育,以避免触发因素,并学习使用分心技术去缓解新出现的问题。尊重委员会定期举行会议,每两年审查一次所有计划。通过强调对日间中心中发生的破坏性行为进行统一而有效的管理,PACE RI 既确保了机构员工的尊严感,也尽可能地保全了服务对象的尊严感。

CCA 力推对患有重度精神疾病的服务对象进行家访,以改善他们所处的环境。这类服务对象常常会选择根据以前的负面经历和病耻感来逃避医疗保健系统所提供的服务。对其进行家访旨在满足这类服务对象的需求,帮助他们规避获得护理服务时的各种障碍。

这些最佳实践可以推广到其他 PACE 机构,为服务对象设计不同的途径,使重度精神疾病患者也能获得 PACE 的服务,并确保所有服务对象都能参与到日间中心中来,同时为机构员工提供一个带有赋权性质的工作环境。PACE 组织还可以为重度精神疾病患者探索开发专门的日间中心项目。

(六)通过与外部供应商签订合同来建立合作伙伴关系

PACE 服务机构,特别是那些服务对象数量较少的机构,经常会与外部专业的行为健康服务供应商来签订合同,他们通常包括精神科医生、精神卫生社会工作者和精神病院等。虽然这些合同关系可能带来涉及协调护理和信息共享的挑战,但许多 PACE 服务机构和健康计划已成功与外部合作伙伴签订合同,以扩展服务并同时推进整合护理。这种关系对满足社区老年精神健康需求来说至关重要。

CentraCare 与卡拉马祖县心理健康和药物滥用服务社(KCMH)签订合同,以满足欢迎重度精神疾病的服务对象的需求。在该合同中,CentraCare 向 KCMH 支付每人每月固定金额(PMPM),以负担社会工作者的精神病咨询、评估和护理计划以及紧急心理健康服务。这种 PMPM 支付结构为员工提供了在识别潜在行为健康需求时随时获取服务的灵活性。KCMH 临床医生根据需要参加跨学科护理团队,CentraCare 为每个与 KCMH 互动的服务对象指定一个员工联络点,以密切协调沟通。CentraCare 报告说,这种合作改善了服务对象的治疗效果,并使得愿意参与 KCMH 的服务对象的人数增加。此外,CentraCare 与医学院签订合同,让精神病专科医生和内科医生参与提供服务,让他们通过每周参加跨学科团队会议和 PACE 临床医生的电话,为 PACE 工作人员提供建议和指导。

在社区护理的行为健康之家里,由社区护理支持且由行为健康治疗师雇用的全职健康护士也被嵌入服务供给中。这些健康护士为服务对象提供持续的培训和咨询,帮助他们了解心理健康与身体健康之间的相互关系,并促进身体和行为健康人员之间保持定期交流。通过将身体和行为健康目标整合到现有的精神卫生保健服务设置中,社区护理增加了服务对象的药物依从性,同时缩短了住院治疗时间。社区护理建立在许多医疗补助计划成员与社区精神卫生服务提供者的深层关系基础上,以有效整合进入现有的护理服务设置。

    另一项精神健康项目——南方各州健康联盟,为患有重度精神疾病的服务对象与其服务区内的当地县和县级心理健康服务提供者合作制定了"健康路径"计划(Healthy Pathways)。该计划的案例管理人员经过培训,可以与服务对象建立信任关系,同时会致力于让服务对象参与病程管理,以进行自我管理和药物管理。南方各州在县人力服务机构和当地心理健康服务提供者中嵌入案例管理员,为危机中的个人提供紧急服务,并为需要维持服务水平的人提供"在地化"服务。该计划报告说,在各职位密切合作的推动下,这种伙伴关系已经改善了成员的健康和社会效益。

    PACE RI 与社会工作者签订合同,扩大其提供咨询和心理治疗服务的能力。此外,PACE RI 与精神科医生签订合约,医生需要每周访问 PACE 中心,并参加每月行为健康团队会议,以便所有跨学科团队成员审查行为健康参与者。由于精神科医生隶属于当地老年精神病院,因此进入精神病院的 PACE 参与者在出院后会与同一医疗机构一起接受治疗。

    最后,对于诊断为双相情感障碍、精神分裂症或分裂情感障碍的个体,PACE SEMI 经常接受来自团体住院的参与者转介。由于确保生活环境的安全对于患有重度精神疾病的老年人的健康来说至关重要,PACE SEMI 已经开始与团体住宅和其他物业管理机构以及家庭医疗保健组织签订合同,这些组织每天提供 24 小时人员配置和药物管理协议。这些合同关系使 PACE SEMI 能够确保在生活环境中为老年人提供高质量的护理。他们还帮助预防安置了辅助生活的护理机构,并增加了该组织的转介。

    这些由 PACE 组织和精神健康服务计划设计的合作方法为其他 PACE 组织提供了可供选用的策略以促进协作,同时提高为患有重度精神疾病的老年人提供以人为本的医疗服务的能力。PACE 组织可以建立合同关系,以提供核心行为健康服务以及为临床医生和跨学科团队成员提供额外支持,并确保安全的生活环境,支持机构员工主导的行为健康服务。在所有这些合同中,PACE 组织可以专注于确保这些弱势群体的护理服务的连续性。

二、加拿大的精神健康整合照护模式

（一）模式设立的原则

加拿大的精神健康整合照护模式并非是单一的一种模式，它指的是在社区中对初级保健服务、精神健康服务和物质滥用照料服务进行不同形式的整合。它的形成基于以下八条原则。

第一，没有一种模式适合所有人。在考虑最合适的整合初级和精神健康整合护理模型时，了解特定人群的精神健康整合照护需求的总体严重程度将决定其应用的模型。例如，患有严重精神疾病和存在物质滥用状况的个体在接受高质量、可协调的护理服务方面遇到各种障碍。对这些弱势群体提供护理的方法虽然各不相同，但服务提供者的专业知识和其他形式的护理是必要的。

第二，有心理健康和物质滥用问题的个体将体验到其整体健康和生活质量的波动，需要一个协调的系统，允许他们根据自己的需要使用的模型和数量的护理。

第三，该系统具有灵活性和响应性，从恢复重点接近护理，并使个人参与并授权他们在任何特定时间点参与其护理计划和服务交付。

第四，病耻感是提供便利和适当服务的重要障碍。社区和服务提供商都感受到了污名，而服务设计更是进一步受到了侮辱。由于传统服务往往无法满足弱势群体的需求，因此创新和创造性的服务提供模式是必要的。

第五，有必要获得热情和适当的服务。有必要确保尊重具有精神健康整合护理较高需求的个人的访问的替代方法。服务访问需要超出典型的九到五个时间表，以外展为基础，并且在患者所在的地方可用，并且适合于可能出现的各种症状和行为。

第六，由于上述原因，许多人的健康需求未得到满足。通过传统的初级保健方法不太可能发生对具有需求的个体的全科医生的依赖。提供能够应对与严重精神健康问题相关的服务和需求的初级卫生保健需要考虑其他手段、方法和环境，以促进连续性和全面护理（例如，适用于更易获得的服务提供模式的更广泛的初级保健提供者）。某些护理模式有高质量证据的支撑，而其他护理模式的证据支撑则较少。由于这种差异，我们只包括那些有效的模型。但是，应谨慎应用此类模型，以进一步丰富知识库。

第七，挑选适合的护理提供者。精神卫生和物质使用通过专门培训的临床医生和精神科医生，使他们能够为那些有严重和复杂需求的人提供适当的高质量服务，并越来越多地与初级保健提供者合作。精神健康问题较轻的个体服务最佳，通常更多地依赖于初级保健系统。在不列颠哥伦比亚省，支持医生提高护理质量的选项和工具已经进行了一段时间。

第八，无论上述模型如何，任何综合性的方法成功的关键都是客户/患者作为计划和护理服务合作伙伴的积极参与。既往研究表明，服务提供者最了解患者情况，进而提供最为适当的治疗方法。然而，个人和家庭的参与和自我管理机会已被证明可以提高对治疗方案的依从性，改善提供者和个人对护理的满意度，并在临床和生活质量水平上创造更有意义的结果。因此，在护理计划的必要点提供适当的护理强度，同时也节省了宝贵的医疗保健资源。

（二）交流沟通型整合照料模式

医生与提供精神疾病整合式护理的服务者之间的沟通，是初级护理与整合式护理之间传统联系的实例。这些是基于沟通的模型，不被认为是整合的，并且，根据关系的形式化和/或咨询的数量，可能构成也可能不构成协作模型。

在这两种护理模式中，家庭医生是服务主要的提供者，整合式护理服务的从业者（精神科医生和/或临床医生）的访问/参与是在不太正式的护理合作中提供的。这些模型通常是基于转诊的方法，提供有限的护理管理或提供者之间的持续协作。这些模型类似于初级保健医生所做的任何其他传统专科转诊。

对于健康的或是对于精神健康整合式护理服务需求程度较低的个人来说，此模型通常足以满足个人的需求，并且非常适合使用健康资源。当医生接受充分的心理健康问题评估和治疗培训并且可以获得自我管理工具时，初级保健服务得到加强。由于通常需要长时间的等候名单才能获得精神病学，快速入院诊所有望为初级保健医生提供及时的精神病评估和咨询服务，并帮助指导医生确定是否需要更加密集的协作护理。有证据支持这些作为综合模型或与综合初级和社区护理相关的预期临床结果。

（三）协同定位且相互合作型整合照料模式

有证据表明,协同定位且相互合作型整合照料模式对有中度心理健康问题的个人具有显著的有效性。在某些情况下,对于有物质滥用的人群也有一定效果。该模式具体包括以下内容。

一是,初级和精神健康整合式护理的协同定位是指在共同的物理位置提供独立服务。该模型可以是在程序/提供者之间创建关系的第一步,从而改善协作和减少客户/患者的就诊量。

二是,协同定位减少了就诊量,但它本身不会创建协作或整合式护理。整合式护理涉及初级保健和心理健康实践之间的伙伴关系,其中普通/护士从业者仍然是初级保健提供者,从精神卫生系统获取咨询、评估和教育/自我管理工具。

三是,该模式已被发现对轻度至中度抑郁症、某些焦虑症、老年抑郁症患者和物质滥用的患者有效。对于患有严重精神疾病(例如双相情感障碍,严重抑郁症)的个体,其症状和功能已经稳定了很长一段时间,并且医生已经接受过培训以识别和评估恶化迹象,这一点也被发现有效。当医生接受精神健康整合式护理培训并获得患者的教育资源和自我管理工具时,此模型最有效。

四是,协同定位且相互合作型护理是一种较新的、研究较少的模式。它旨在更好地为那些已经参与整合式护理系统,但由于多种原因与初级保健系统没有良好联系的严重精神疾病或有物质滥用问题的使用者提供服务。例如:无法接触全科医生(GP)、有病耻感、有负面的就诊经历等的服务对象。在这里,整合式护理临床医生是主要的服务提供者,初级保健服务被纳入整合式护理的环境中。通过在他们的环境中接受护理,被知名且对他们感到舒适的提供者包围,个人更有可能与初级保健提供者接触并遵循健康治疗制度。协同定位且相互合作型护理对那些无法获得传统初级保健服务,或在全科医生处就诊过程中遇到困难的社区老人,提供了改善的希望。有应用前景的实例包括美沙酮诊所、代谢监测和健康诊所。

第五,专业的中心和辐射团队方法认识到有特定人群需要专门的评估和治疗服务。这些人群往往规模较小,但为满足他们的治疗需要,往往需要对服务人员进行专门的培训,而这在精神健康整合式护理系统中是不可能的。由于这种高水平的专业化,这些多学科、专业化的团队无法在社区中提供持续治疗,而是为涉及个人生活的各种提供者进行评估、协调和指导护理计划,并提供教育和咨询服务。有证据支持这种方法,对患有发育障碍和精神疾病的双重诊断的个体进行护理,这些患者通常并发物质滥用问题,并对患有首发精神病的年轻人(即早期精神病干预)和心理老年人服务。

(四)联合小组型整合照料模式

与传统服务相比,有强有力的证据支持多学科团队和整合式护理对严重精神疾病患者的症状、功能、就业和住房等方面会产生积极影响。然而,支持特定整合团队模型的证据差异很大。

联合小组型护理模式是一种提供全方位服务的精神科服务,在相同的环境中,涉及计费、为每个客户建立档案和护理计划中的完全行政整合。通常,这种方法对于那些患有严重和复杂的精神疾病和有物质滥用问题的人来说是必要的,并且体现了共同定位和协作护理。并且从健康的角度来看,它通过一个护理计划/地点提供整个健康需求。

然而,已有文献表明,该模型的最新发展方向是以患者为中心的医疗之家(PCMH)或初级保健之家。这种基于团队的护理模式由家庭医生领导,他们在整个患者的一生中提供持续和协调的护理,以最大限度地提高健康结果。PCMH实践负责提供患者的所有医疗保健需求或与其他合格的专业人员适当安排护理。这包括提供预防服务,治疗急性和慢性疾病,以及协助解决临终问题。

虽然联合小组型护理模式是一个完整的综合医疗保健模式,但它并不能全面解决影响客户/患者整体健康状况的各种社会变量(例如住房,收入/就业)。该模型的证据仍处于发展和积累阶段。遗憾的是,几乎没有证据可以明确证明其对精神疾病患者人群的有效性。

初级保健团队体现了一种全人概念的治疗方法,它关注工作,以及其他所有与精神健康相关的因素。团队中的服务提供者没有任何特殊的专业(即所有团队成员都应具备强大的精神障碍专业知识基础)、专注于风险个体,并提供简要的、以解决方案为重点的护理。通过主要关注健康需求,该模式能够吸引可能无法获得精神健康整合式护理服务的个人。因为这种模式可能会受到较少的威胁。然而,实施这种方法需要服务团队有充分的专业自信,并且需要在服务对象所在的社区提供服务。

这种模式表明外展和街头项目的有良好的预期效果,这些项目针对的是独立的、复杂的个人,他们在身体健康、心理健康、物质滥用、住房和其他诸多方面都面临挑战。有越来越多的证据在支持这种模式的有效性,它被认为是一种很有应用前景的方法,可以吸引经济上较为困难的高风险人群(例如无家可归的街头青年等)。

对于患有复杂精神疾病的个体,日常生活功能在整体生活质量方面受到显著影响,因此需要提供完全整合的护理模式系统。这些团队包罗万象并且"包裹"个人,确保所有健康决定因素直接或通过与其他组织/提供者的正式伙伴关系(例如住房提供者、雇主、教育/培训、家庭团聚等)提供。这是许多人长期需要的最密集的护理模式。支持该模型中各种团队方法的证据不同:有超过20年的证据支持自信的社区治疗,通常被认为是社区提供的三级服务,每日津贴成本低得多,并且影响住院率的人群通常主要服务于急性系统;不幸的是,支持其他形式的强化/外展社区方法的证据尚未得到严格研究,但对弱势和难以接触的人群,如无家可归者、成瘾问题或有重大共病需求的人群(如发育障碍、参与矫正系统或物质引起的脑损伤)来说,该模式是有效的。

既有文献支持该模式作为患有精神病的成人的黄金标准服务模式,有许多功能性挑战(如住房、收入/就业),有或没有同时使用药物。有希望的做法包括为患有严重精神疾病的个人进行密集的病例管理/自信外展、在社区生活中存在重大的功能性挑战,以及更高的医院利用率。对于同时存在物质滥用的并发症患者,该模型实际上可能是最有效的,但缺乏该领域的结论性研究。

(五) 针对社区老年人精神健康的干预措施

如上文联合小组型护理模式部分所述,许多关于这种协作/整合式护理模式有效性的主要研究发生在老年人群体,特别是美国的退伍军人身上。对于患有轻度至中度心理健康问题的老年人,全科医生是最主要的护理提供者,因为这些人通常已经接受了各种医疗服务。因此,初级保健实践中的整合式护理为这一人群提供了改善的护理机会。社区的后续支持不仅包括医疗保健,还包括社会/反隔离干预措施。到目前为止,对老年人群进行协作护理的研究最为密切的方法是为初级保健实践中的患有抑郁症的老年客户/患者提供项目影响服务(改善情绪促进协作治疗)。这种方法的心理健康成分包括药理学和心理疗法(认知行为疗法,溶液聚焦疗法),完整的电话和面对面的随访。

由于服药较多、易跌倒和骨折,并发生定向障碍会导致并发症的可能性使得使用模式的老年人患者住院治疗的风险更高。在这些情况下,当服务提供者融入初级保健机构时,老年人更有可能接受整合式护理,这表明将特殊护理纳入初级保健可能是有风险或有问题的物质滥用问题老年人的首选方案。

随着整合式护理开始建立一个提供者团队,它也是一种合理的方法来协调患有共病慢性病的个体可能需要的各种护理需求。鉴于大多数患有慢性疾病的人都是老年人,因此对患有阿尔茨海默病、关节炎、糖尿病、焦虑症、恐慌症和创伤性应激障碍等共病症的抑郁老年人的各种研究都集中在共享护理上并不奇怪。对于患有抑郁症和关节炎的老年人,共同护理对疼痛管理的积极影响仅对疼痛程度低的患者有效。对于那些患有抑郁症和糖尿病的人来说,共同护理对抑郁症状的影响与一般人群一致,即显著为阳性。然而,未发现糖尿病自我管理的改善。此外,似乎有证据表明,当存在两种或多种健康并发症时,共同护理的效果总体上更大。因此,从整合式护理的角度来看,整合式护理模式很可能是一种有效的干预方式,适用于有或没有共病健康状况的抑郁老年人。然而,在抑郁症的治疗中,这种效应可能比在合并症中更为显著。

对于痴呆、神志不清,或因长期使用药物而身体虚弱,或精神性行为不断增加而导致严重神经功能恶化的老年人,需要获得专门的老年心理评估、咨询和外展服务,以便在家庭中提供最适当的照顾。初级保健提供者需要获得咨询和评估服务,以便充分确定护理计划,鉴于恶化程度,卫生服务提供者和家庭成员需要教育和支持,以实施适当的干预措施。护理团队可以与非健康提供者(例如志愿者组织)一起定义和促进社交/娱乐刺激机会。此外,当老年人不得不住院时,访问这种专门资源可以改善过渡到社区的持续时间和容易程度。中心和轮辐护理模式最适合这些老年人群:一小部分人患有认知症和神经系统恶化,年龄小于65岁,但也因此可能在获得适当服务方面遇到挑战。如果服务模型真正反映了个人的需求,那么重要的是要承认传统系统需要响应这些需求。在许多情况下,这将涉及向设施提供服务提供者(包括GP服务),包括长期护理。

对于经历过无家可归的个人而言,大多数关于适当和有效的综合模型的内容已被纳入上述综合小组的讨论中。然而,人们越来越认识到,被描述为虚弱、年老,无家可归的成年人需要单独考虑。虽然无家可归的人的预期寿命远远低于一般人口,但随着服务变得更加敏感,他们的寿命也会延长。目前有一群人生活在街头,他们的健康和社会问题使他们面临严重的风险。

首先,值得注意的是,无家可归者中的老年人通常被认为是 55 岁以上,并且由于各种原因(包括耻辱感、交通、知识能力、不需要基础护理,以及以前的在医疗系统就诊时的负面经历),他们不太可能获得/接受门诊治疗。在已有的文献里,有关于该群体的环绕式服务模式,其服务包括立即获得初级保健、护理管理、药物使用咨询、社会计划、住房和/或对庇护所的援助,以及在个人所处的地方提供热餐和护理。脆弱的加剧不仅是由于未得到满足的医疗保健和心理健康需求,还因为营养不良、长期和有害物质的使用、暴露以及身心虐待。因此,对于这一人群,还必须考虑临终关怀/临终关怀需求。该领域的主要文献非常有限,自 2005 年以来一直处于关注状态,因此知识库还处于起步阶段。无论是庇护所还是强化住宅治疗方案(如本拿比中心)都没有配备临终关怀服务,个人在传统护理方面遇到很多障碍,因为他们没有固定的地址让护士去看望他们,且他们的住址往往很难找到,也可能没有电源或清洁水供应。

越来越多的文献探讨与酒精相关的脑损伤,特别是在长期无家可归并且有住院治疗需求的体弱老年人中。对许多人来说,住房是主要问题。一些司法管辖区,例如澳大利亚,开始考虑是否需要专门的住宿护理,包括他们的脆弱程度,为这个人群提供每周 7 天、每天 24 小时的身心健康护理。这项工作的早期案例是安大略省的无家可归者干预项目,通过信誉良好的非营利机构建立,专业案例管理团队能够处理这个客户/患者群体的脆弱性。该计划正处于实施的早期阶段,可能是一个需要监测的领域。

因此,关于这些针对老年人的干预措施的关键要素,我们可以做以下归纳。

(1) 共同护理模式经过大量研究,发现可有效治疗患有抑郁症的老年人;

(2) 治疗认知症和神经功能恶化患者需要使用中心和辐射模型;

(3) 基于外展的服务还需要链接/支持长期护理机构提供的服务;

(4) 综合护理系统(强化社区治疗/自信外展)似乎最适合为无家可归的老年人提供护理服务。

三、澳大利亚专业社区老年精神健康服务模式

（一）澳大利亚 SMHSOP 模式设立的背景和准则

专业社区老年精神健康服务模式（Specialist Mental Health Services for Older People Community Model of Care，SMHSOP）是澳大利亚新南威尔士州于 2004 年开始推行的一项社区老年精神健康服务。它为患有严重心理精神健康问题的老年人提供专业的心理健康评估和治疗、社区团队护理计划和病例管理服务。与其他精神健康服务项目一起，该模式为社区老人提供咨询及联络服务，以及其他以预防和早期干预为重点的活动。

这一服务计划将服务对象定义为具有以下特点的老年人（65 岁及以上）。

（1）患有抑郁症、精神病、焦虑症或严重调整障碍等 65 岁及以上的精神疾病，或有发展精神疾病的高风险的人群；

（2）患有终身或复发性精神疾病，现在遇到导致严重功能障碍的年龄相关问题（即变得"功能老化"）；

（3）有过任何心理健康问题，但至少五年没有得到专科心理健康服务，现在他们的疾病或病症复发，可以由 SMHSOP 进行最佳管理，但是受服务对象偏好的指导；

（4）出现与认知症或其他长期与脑疾病相关的中度至重度行为或精神症状，并且可以通过 SMHSOP 的输入进行最佳管理。具有中度至重度认知症行为和心理症状的老年服务对象也包括在 SMHSOP 的目标人群中。

SMHSOP 服务计划还强调了一些需要特别关注的人口群体，包括土著居民、LGBT 人群、居住在老年护理设施中的居民、有功能老年人的精神健康需求的年轻人、长期患有精神疾病的老年人和患有精神疾病和智力残疾的老年人等。由于不利和其他因素可能需要特别关注的其他群体包括生活在农村和偏远地区的老年人、生活在肮脏环境或无家可归或有无家可归风险的人，以及与刑事司法系统有关的人。患有精神疾病的老年人的家庭和照顾者也是更广泛的 SMHSOP 目标群体的一部分。

SMHSOP 社区团队会参与医院入院和出院流程,并与老年健康、老年护理和全科医生等其他服务部门合作。每个地区卫生服务站都会有 SMHSOP 社区团队,服务对象可以通过心理健康热线或直接向当地的 SMHSOP 服务部门了解相关服务。在可能的情况下,SMHSOP 社区团队会在申请者的正常居住地(如家庭或养老机构)中提供社区护理。在 2009—2010 年,新南威尔士州对 SMHSOP 服务计划进行了一次中期评估。结果显示,社区 SMHSOP 团队为将近 11 000 名老人提供了超过 141 000 次服务。相比 2004—2005 年度,这些社区团队提供的服务次数增加了 2 倍以上,服务效果显著。

该护理模式由服务对象、护理人员和临床医生共同开发,它在心理健康和老年护理服务环境发生根本性变化的时候,为改善老年人的心理健康保健提供了一个关键参考点。它承认并支持新南威尔士州精神卫生服务向以康复为导向的护理和实践的转变,以及精神卫生服务在个人康复过程中积极支持个人的需求。它支持关注个人定义自己的恢复目标并指导自己的护理。它还认识到,新南威尔士州的 SMHSOP 社区服务的实践和治理目前存在显著差异,需要促进一致的良好实践。

SMHSOP 社区服务是更广泛的护理和支持老年人心理健康的系统性政策的一部分,它为社区环境中有精神健康问题的老年人提供专业的临床服务。这个复杂系统的其他主要合作伙伴包括家庭和照顾者、更广泛的社区、包括全科医生(GP)在内的初级卫生保健服务、社区护理和支持服务、居住服务、专业私人医生和医疗服务设施、提供咨询服务的社区管理组织和非政府组织、危机服务、社区护理、康复和心理社会支持服务,以及包括心理健康服务(非特定年龄的 SMHSOP、社区和住院患者)和新南威尔士州的健康服务。SMHSOP 社区照护模式需要以补充合作伙伴服务的方式指导 SMHSOP 服务的开发,并协助这些服务与 SMHSOP 社区团队有效接口,以满足老年人的需求和偏好。该模型中的功能旨在为 SMHSOP 社区服务做好准备,以应对如下挑战。

(1)服务提供者(公共心理健康、初级保健和其他健康服务的提供者)的能力需不断提升以应对不断增长的老年人口所产生的需求增长;

(2)精神健康、老年护理和残疾系统的改革将在已经很复杂的护理和支持系统中产生长时间的持续变化。SMHSOP 社区服务需要持续发展,以确保它们以对服务对象、护理者和其他服务提供者透明的方式与这些系统进行对接;

（3）经济和社区需求，加上改革举措，社区随时可以获得当代精神保健服务的支持，医院护理仅保留给社区无法满足需求的人，需要 SMHSOP 配备系统和人员，以提供越来越多的专业护理服务；

（4）新南威尔士州 SMHSOP 社区服务中现有服务开发、服务模式和临床实践的变化。

（二）SMHSOP 模式的设置准则和方法

1. SMHSOP 模式的设置准则

服务对象已经表示他们认为社区 SMHSOP 模式是支持他们康复之旅的复杂护理系统的一部分。SMHSOP 社区照护模式的开发符合这一服务对象的观点。该社区照护模式遵循以服务对象为主导的康复原则。

澳大利亚国家康复型心理健康服务框架将康复定义为"能够在有或没有精神健康问题的情况下，在选择的社区中创造和过上有意义和有贡献的生活"。对老年服务对象的研究发现，"继续做好自我"意味着老年人康复的本质。康复比临床上的恢复要有更广泛的意义，"个人"和临床恢复之间的相互关联得到了充分认可。虽然康复对于个人而言是独一无二的，但它可能涉及一些或所有"有意义的生活领域"。康复过程将需要一系列健康和社区提供者，社区 SMHSOP 服务是其中之一。

为了满足老年人心理健康问题的复杂身体、社会、行为和心理需求。提供的确切支持将由一个人的独特价值观、目标和需求驱动，从而支持该人的康复之旅。虽然已建立的证据基础和专家共识推动了 SMHSOP 社区服务的临床实践，并且是该项目的关键组成部分，但 SMHSOP 社区照护模式的每个要素应与个人康复相一致（或至少不妨碍个人康复）。SMHSOP 社区照护模式的所有要素都是根据连接性、希望和乐观、身份、生活意义和赋权的五个个人康复过程来考虑和发展的，通常使用首字母缩略词 CHIME 来表示。

更长寿的生活、更好的老年护理改革，将基于活动的资金引入公共心理健康服务，以及从 2015 年 7 月 1 日起建立初级卫生网络。SMHSOP 社区照护模式与主要的国家和州标准和政策框架（包括 NSW Mental）保持一致卫生战略计划。新南威尔士州针对老年人专家心理健康服务的服务计划（SMHSOP）2005—2015 年是新南威尔士州 SMHSOP 的当前指导性文件。目前正在审查

SMHSOP 服务计划,并制定了一项新计划,以指导未来十年内新南威尔士州 SMHSOP 的服务发展。SMHSOP 社区服务和本照护模式将在这一新服务计划(无论其标题为何)开发后进行指导。新南威尔士州 SMHSOP 恢复型实践改进项目于 2015 年启动,并为 SMHSOP 社区照护模式的发展提供了重要信息。

2. SMHSOP 模式建立的步骤

SMHSOP 社区照护模式建立需经历 5 个步骤。

第一步是建立 SMHSOP 社区照护模式专家参考小组,该小组成员包括:由服务对象和护理者高峰组织、OPMH 政策和计划领域人士、精神卫生临床主任和来自城乡的 SMHSOP 协调员、来自不同学科的临床医生(包括州际高级 SMHSOP 医生)的代表组成临床医师、相关非政府组织、土著和文化和语言多样化委员会和组织、老年保健服务和初级保健网络。该小组为推进项目和制定照护模式草案提供了援助和指导。

第二步是审查相关政策和实践指南以及国际文献。第三步是举办由服务对象、护理人员和临床医师参加的咨询研讨会,以确定 SMHSOP 社区服务的主要愿景和价值观以及老年服务对象旅程的关键原则和要素。第四步是咨询新南威尔士州卫生部相关部门、SMHSOP 社区服务部门、新南威尔士州健康 SMHSOP 咨询小组、老年人心理健康(OPMH)工作组、文化工作组、土著人员工作组和全科医疗临床咨询小组(代理机构),从而进行临床方面的创新。第五步是传播照护模式指南草案,征求新南威尔士州卫生部相关部门和其他主要利益相关者的意见,并得到项目报告草案的支持,以供参考。

(三)SMHSOP 专业社区老年精神健康服务模式的关键流程步骤

1. 服务的准入机制

澳大利亚的精神健康服务国家标准明确指出,精神卫生服务必须通过向社区(包括全科医生)提供有关服务的可用性和范围以及建立联系方法的信息来支持访问和进入。社区和全科医生对 SMHSOP 服务以及他们所做的工作缺乏认识是获得必须克服的服务的主要障碍。

病耻感被认为是护理的障碍,这可能与关于衰老或精神疾病的精神健康知识能力差以及服务选择有关。土著居民和海外移民在获取服务和接受护理过程中存在额外障碍,并且加强他们对精神卫生系统的参与需要采用文化敏感的方法和具体的策略。这可能包括与土著健康/精神卫生工作者和跨文化/多文化卫生服务机构的合作,有多个入口点以便于获得服务,以及提供文化敏感的心理健康信息。

患有精神疾病和智力残疾的老年人在获得精神卫生服务方面存在独特障碍,"智障人士无障碍心理健康服务:提供者指南"文件为这个问题提供了改善获取途径的建议。

在服务准入方面,所有服务申请者的主要入口点是新南威尔士州集中心理健康摄入服务,即国家心理健康电话热线(SMHTAL)。SMHSOP 社区服务应该考虑与此方法一致的便于访问的机制。为了支持方便和及时访问并限制"关闭门",SMHSOP 行政和临床工作人员将促进与 SMHTAL 就直接向服务进行的任何转介进行良好的沟通和联络。人们可以自我推荐或转介,包括家庭成员、全科医生、私人精神科医生、老年病学家或医疗保健服务提供者。

新南威尔士州的心理健康咨询电话会根据新南威尔士州心理健康分类政策和新南威尔士州健康心理健康临床文档分类模块来进行分诊和转接。老年人和年轻人群体的分类之间的关键区别在于共存医疗条件的可能性较高,这可能会复制、加剧或掩盖精神症状和身体(例如听力)损伤。筛查急性医疗恶化或谵妄,包括任何潜在的潜在谵妄临床原因,对于评估老年人的风险至关重要,必须将其作为分诊过程的一部分进行。

在初步分类之后,在适当情况下,服务对象应该被转介到 SMHSOP 进行更全面的二级分类或初步评估。程序会有所不同,但所有 SMHSOP 社区服务在接受录取前都应有一些二级分类/初步评估程序。准入标准应基于商定的目标人群来制定。

如前所述,服务对象和护理者希望及时、方便地获得护理和服务。为了支持这一点,SMHSOP 社区服务应对任何在分类后转介到该服务的人进行二级分类和初步评估,这需要接受 SMHTAL 在将老年人转介到 SMHSOP 的过程中的作用。SMHSOP 社区服务部门进行的二次分类和初步评估应考虑服务对象的特殊需求,以支持他们获得最适合持续护理的服务,包括 SMHSOP 以及其他所需的临床和社区支持。

精神卫生服务机构有责任在整个准入和入院过程中(包括语言和文化需求)识别和支持服务对象和护理者的权利和需求,并在可能的情况下获得适当的同意时让护理人员和全科医生参与其中。

目前,在大多数通过 SMHTAL 维持入院的服务中,任何从精神卫生服务(包括 SMHSOP)中解雇的服务对象只能重新通过接触 SMHTAL 进行全面重新分类来获得服务。但是,一些 SMHSOP 服务通过直接联系以前的临床医生,非正式地允许重新转诊,并且直接在电子记录中或通过呼叫 SMHTAL 的临床医生"登记"服务对象。通知本指南的服务对象,护理人员和专家意见支持 SMHSOP 社区服务,该服务的流程可在需要时促进 SMHSOP 服务对象在出院后轻松重新获得服务。

2. 评估与照护计划的设计

初始分诊过程确定是否需要进行全面的心理健康评估。对老年人进行全面评估是一个"考虑老年人整个生活状况的多维度的过程"。它旨在诊断人的困难的确切性质,以"计划和提供适当的预防、干预和管理策略"。评估和护理计划应以康复为重点,做到以人为本、以服务对象为主导,并使服务对象、护理人员和全科医生都积极参与评估和护理规划过程。

评估必须是全面和多维度的,考虑到人在其环境中的一系列心理、功能、体质和社会属性,以及该个体的家庭和护理者的风险和脆弱性。它还应该考虑对服务对象来说重要的是什么(例如社交活动、宠物)。SMHSOP 社区临床医生应在入院时和其他需要时使用《新南威尔士州身体及心理健康临床诊断文件包》来进行全面评估。核心模块包括分类、评估、护理计划、审查和转介/出院,并根据需要使用其他评估模块。根据新南威尔士州健康政策指令中"临床护理人员"部分的要求,有自杀风险的人应接受综合性心理健康评估,包括精神病评估、文化和人格发展程度的社会心理评估,这其中还包括当前的压力事件和详细的自杀风险评估。不建议单独使用自杀风险测量工具或检查量表。

还有许多其他工具可以帮助评估老年人的心理健康。认知症结果测量工具包(DOMS)包括一系列注释评估测量和工具,用于认知症中常见的评估结构,如认知、行为、功能和生活质量等。一个关于老年人功能和需求的更广泛工具的例子是坎伯韦尔老年人需求评估(CANE)。澳大利亚已经开发或调整了许多精神健康评估工具,这些工具在文化上是合适的并且经过验证可用于土著服务对象。建议 RUDAS 与 CALD 背景的人一起使用。虽然临床医生可以使用各种评估工具,但这些工具必须补充而不是替换上面列出的强制性工具。有许多工具可用于评估针对康复的实践并衡量服务对象的康复效果。这些被评估为 SMHSOP 针对康复的实践改进项目的一部分,因为它们适合在澳大利亚 OPMH 环境中使用。

精神健康服务对象的身体健康护理指南和精神卫生服务政策指令中的身体健康护理,概述了精神卫生服务在为患有精神疾病的服务对象提供身体健康护理方面的责任,提供有关进行初步评估和同意的指导。评估老年人还应考虑药物(非处方和处方)和酒精使用,跌倒风险,疼痛,老年人虐待/家庭暴力和自杀风险。

在新南威尔士州,65 岁以上的人最有可能每天饮酒,并且患有酒精中毒或死亡的比例在各年龄段中最高。正如新南威尔士州健康老年人的药物和酒精报告中所述,认识到药物和酒精滥用对于一些有精神健康问题的人来说是一个重要的共存问题,SMHSOP 社区服务应该提供关于物质使用的服务对象的常规筛查和评估利用推荐的筛查工具,包括处方药滥用等问题。如果对药物滥用/酒精滥用有正面筛查,应进行认知障碍筛查,还可能要求精神卫生服务机构在认知筛查和评估中为药物和酒精服务提供专业知识和支持。

有一系列资源可用于支持具有特定需求的服务对象的评估,包括具有 BPSD 的人以及来自土著和 CALD 背景的人。应考虑文化和精神需求,包括口译员和土著精神健康/卫生工作者的需求,精神卫生服务应通过评估过程确保服务对象的文化安全。对于土著人来说,心理健康是整体性的,与人和社区的社会、情感、精神和文化生活联系在一起。充分理解这种健康和心理健康的整体观点,并将其作为进行评估的背景矩阵的一部分绝对至关重要。跨文化评估清单的开发是为了支持心理健康临床医生为移民社区的服务对象进行文化上适当的临床和心理社会评估。基于多元文化而设计的评估工具有助于解决在移民背景下照顾人们所产生的文化影响。经过验证的翻译评估工具也可以使用某些语言,并应在适当的时候访问。如果没有翻译的评估工具,则在完成评估时应考虑其在文化背景下的应用。

根据评估期间收集的信息,临床医生应完成 HoNOS65 ＋和其他相关结果测量。HoNOS65 ＋旨在供临床医生在干预前后使用,以便可以测量干预措施引起的变化。应使用心理健康临床文档套件的护理计划模块来总结作为护理事件的目标和临床问题。

护理计划应以康复为重点,考虑临床和个人康复,并与服务对象和护理人员合作开发。目标和计划不应强加给服务对象,而是临床医生应该支持服务对象做出关于他们护理的决定并传达他们的希望和恢复计划。社会需求往往是关键的未满足需求,应将服务视为护理规划和协调的核心。

精神卫生临床文献套件的服务对象健康计划模块有助于服务对象参与自己的护理,支持自我决定,并作为恢复援助。健康计划可以考虑文化和精神需求,以及身心需求。支持自我决定的一种方法是在护理计划之前完成服务对象的健康计划,以便健康计划可以为护理计划的制定作出贡献。临床医生应尽可能支持服务对象完成自己的健康计划。

3. 临床护理与协调

在卫生管理中,"临床护理与协调"一词广泛涉及提供和组织临床治疗和社会心理干预等一系列活动,包括帮助安排在整个卫生和社区护理中获得一系列不同的服务部门,以满足个人的治疗和康复目标。这可能包括:建立治疗关系,提供和促进一系列生物心理社会治疗,促进社区联系和参与,与其他专业人员/服务/机构联络,包括转诊、协调各种服务和护理提供者、病例会议、过渡/出院计划和确保护理的连续性。在康复导向方法的指导下,临床护理和协调的持续时间将与临床医生指导的服务对象协商。团队功能的优先级也是相关的。

然而,人们认识到,每个SMHSOP社区服务都需要利用他们对当地服务对象需求的理解以及其他相关服务的存在来确定职能的优先顺序,并在当地确定什么构成"临床护理和协调"。整合式的护理安排可能会取得进展,最有可能与全科医生、私人精神科医生或土著社区健康服务(ACCHS)共同建立。根据当地流程和国家心理健康核心能力和学科特定标准,能力或课程,每个服务对象可以在SMHSOP社区服务中被分配一个或多个关键联系人以充当他们的护理协调员。

如果有明确的药物滥用问题,应该与具有重大物质滥用问题的服务对象进行转诊和联合护理管理的专业药物和酒精服务的联系和伙伴关系的发展。社区环境中自杀老年人的护理管理应根据新南威尔士州卫生政策指令"可能有自杀倾向的人群临床护理"进行护理。

护理协调有可能为患有严重和持续性精神疾病的老年人所经历的复杂的多层次健康和社会需求提供更加以人为本的反应。OPMH服务的一项关键功能是协调老年精神疾病患者所需的一系列服务。与面向康复的护理和实践相一致,所安排的确切支持将由个人的独特需求和恢复目标驱动,并将最大化服务对象和护理者的选择和控制。

虽然护理协调有一个咨询/联络部分,但不应与专家咨询和联络混淆,后面将对此进行讨论。SMHSOP 服务计划认可 SMHSOP 社区服务在为初级保健工作者和全科医生、住宿服务提供者和其他人提供评估、转诊和培训方面的帮助,以满足有心理健康问题的老年人的需求。

4. 康复导向的风险评估与护理计划

康复导向的护理模式强调与服务对象合作并合理管控风险,但这一模式可能会导致一系列矛盾。以康复为导向的护理与发展希望,促进独立自主和选择以及提供机会。卫生服务中的风险管理传统上是由临床医生主导的活动,其重点是避免危险并减少对服务对象和其他人的伤害,并且通常包括实施某种形式的限制。

新南威尔士州精神卫生法案为这一领域的工作提供了指导,并突出了紧张局势。该法案明确促进提供护理,促进精神疾病患者的康复,这些人参与治疗和康复计划,并最大限度地让人们参与这些计划。该法案还规定,对患有精神障碍或精神疾病的其他人的自由进行任何限制,并且在这种情况下,任何对其权利、尊严和自尊的干涉都应保持在最低限度。

然而,该法案还限定了服务的目标范围:"在保护这些人的公民权利的同时,给予这些人获得适当照顾的机会,并在必要时为他们自己的保护或保护他人提供治疗"。该法案的目的还包括"关心他们的人"参与适当护理和治疗的决策。

这些目标捕捉了精神卫生保健中最大化个人自主权与有时限制这种自主权以促进个人或他人安全之间的紧张关系。所有临床医生必须以促进其工作人员康复的方式开展工作,但不能忽视能够利用《精神卫生法》为保护人员或他人免受伤害而"提供治疗"所固有的责任。此外,临床医生有责任确保向服务对象发出风险警告,以使服务对象能够就治疗方案做出明智的决定。

这意味着所有临床医生必须以识别潜在风险并向服务对象提供建议的方式开展工作,并确保对此类风险的反应是明确的,但并不认为必须或可以消除所有风险。关于如何应对这种紧张局势的文献中越来越多的探索,支持关注以康复为导向和基于共同决策的风险评估和护理计划。通过这种方式,风险的评估和管理方式可以支持个人的康复。在这些方法中,有能力的服务对象可以选择对自己的治疗(或缺乏)做出决定,这可能包括自愿选择生活在一定程度的风险之内。或者,最常见的是,涉及他们喜欢哪些风险的决策住在一起。当然,临床医生必须告知服务对象治疗风险或不接受治疗。无论一个人的法律地位如何(自愿或非自愿、在医院或社区接受治疗),自决、个人责任和自我管理的概念以及回收控制和选择的目标都至关重要。《精神卫生法》和本指南鼓励参与照顾服务对象的其他人积极参与合作以实现这些目标。

临床医生需要考虑如何最好地支持服务对象选择,这可能涉及实施风险缓解策略,或参与积极的风险承担。积极的风险承担是指一种工作方式,使临床医生能够支持人们将风险作为实现积极结果的途径。它可以被定义为:"权衡一种行动选择对另一种行为的潜在利益和危害。确定所涉及的潜在风险(即良好的风险评估),并制定反映服务使用者的积极潜力和所述优先事项的计划和行动(即优势方法)。"它涉及使用可用资源和支持来实现预期结果,并最大限度地减少潜在的有害后果。

这种方法将风险评估与随后的安全,学习和个人发展规划联系起来,与恢复导向的实践密切配合。通过仔细考虑和适当支持的风险参与,可以提高服务对象的信心、能力和适应力。临床医生必须告知服务对象或患者可选择的风险和益处。

5. 临床评估

临床评估由临床医生在常规服务对象接触期间进行,以及由多学科SMHSOP社区团队和其他参与照顾服务对象的临床医生进行的正式结构化过程。国家和州的标准和政策要求至少每三个月对服务对象的治疗,护理和目标进行审查。相关临床医生将使用心理健康结果评估工具(MH-OAT)评估或评审格式呈现评审信息。临床审查会议可能会考虑新入院、出院/过渡的服务对象,和任何有表现变化的服务对象以及需要13周复查的服务对象。

临床评估应明确与确定的临床和个人目标相关,服务对象、护理人员和全科医生都应积极参与。临床评估通常由所有可用信息提供,包括临床观察、服务对象自己的评估、护理人员和其他有关人员的报告,还应对身体健康状况进行审查。建议使用来自最新评估的临床医生和服务对象结果评级措施,并且研究发现使用常规结果测量对包括服务对象、护理人员和临床医生在内的多个利益相关者有益。

有一系列行为结果指标在 BPSD 背景下有用。认知症结果测量工具包（DOMS）列出了许多推荐的工具，这些工具有助于监测认知症的行为和/或心理症状（也称为非认知症状、神经精神症状和危险行为）以及评估干预措施的效果。临床医生可以选择通过使用旨在衡量康复结果的工具来监控服务对象实现个人目标的进度。安全（风险管理）计划的审查应被视为临床审查过程的一部分，与风险考虑的尊严相平衡。在临床检查之后，护理计划应与服务对象合作更新并由服务对象签署。如果在与治疗团队讨论后对治疗或程序有疑虑，服务对象有权寻求第二意见。

6. 护理计划的接续过渡

社区老人经常在不同的护理服务之间进行转介，服务的接续过渡要取得成功就需要进行精心规划和协调，并最大限度地提高对服务对象和护理人员的选择和控制，以促进护理的连续性。同时，应考虑临床和个人康复方面，并根据需要与其他服务提供者和机构建立联系。这应包括安全评估和计划（平衡风险考虑的尊严），以及在需要时通过社区环境过渡到住院环境的护理升级。

SMHSOP 社区服务与服务对象、护理者和服务对象的全科医生之间的沟通对于医疗过程的接续过渡至关重要，包括提供书面出院摘要/出院计划或信函。心理健康临床文献套件的转介/出院摘要模块应用于记录当前的护理事件及其结果。

2007 年新南威尔士州精神卫生法案概述了精神卫生服务在规划护理过渡时必须采取的行动，以确保最佳实践。这包括咨询服务对象和护理人员、咨询参与向服务对象、护理人员或家庭成员提供服务的机构，并向服务对象和护理者提供有关后续安排的适当信息。新南威尔士州的健康政策从精神健康住院服务转移护理也提供了确保与 SMHSOP 社区服务相关的医疗转移的质量、安全和效率的原则。

SMHSOP 社区临床医生可以支持住院病人成功出院，也可以根据需要将服务对象的护理转介到精神病院的住院部或一般医疗保健服务中去。SMHSOP 社区临床医生也可以在支持从住院治疗转为住院服务的服务对象方面发挥作用（例如，在"社区生活途径"倡议下）。总的来说，必须制定一个完善的流程以促进住院护理与院外护理的无缝过渡和对接。

在社区精神疾病护理的转介和过渡过程中,服务对象通常会与支持他们的同一个人保持相同的环境,包括他们的全科医生。SMHSOP 流程应该授权该人员保持这一目标。应考虑 SMHSOP 社区服务范围之外的任何未满足的需求,并根据需要与其他服务提供商和合作伙伴联系,以确保出院后的支持。

规划护理过渡应在接受 SMHSOP 服务之初时开始。应在入院时确定护理过渡可能会遇到的障碍,并开始具体规划以解决这些问题。在规划对患有精神疾病的老年人的护理过渡时,应特别考虑身体健康和心理健康问题的复杂相互作用、身体损伤的程度、虐待老人的风险、BPSD 的影响(例如对服务对象的住宿的影响,安排或社区参与)、任何监护人的角色,以及转介到专业护理和支持服务(如 RACF 或 ACAT)的要求。

人们认识到,服务对象将根据他们在特定时间点的需求进出 SMHSOP。对于特定的服务对象,SMHSOP 参与的强度将随着时间的推移而变化,并且根据需要容易地过渡和返回需要得到支持和促进。T-BASIS 机构是短期中期住院专科住院设施,为老年人提供多学科评估、护理计划和强化治疗,这些老年人患有与认知症(或精神疾病)相关的严重和持续挑战的行为。新南威尔士州目前有五个 T-BASIS 机构。T-BASIS 模式的一个重要组成部分是为住院老年护理机构和社区护理提供者(特别是农村地区)提供外展服务,以提高这些服务在照顾严重行为障碍的老年人方面的能力,并促进出院来自并减少对单位的不必要的入场许可。我们应该清楚这个功能是由 SMHSOP 社区服务还是 T-BASIS 工作人员执行的。

7. 住院期间的专家咨询和服务资源链接

咨询和联络服务是指社区 SMHSOP 工作人员在住院期间由非 SMHSOP 团队照顾的人员提供的专业临床心理健康服务。这是新南威尔士州 SMHSOP 社区服务的一个发展领域,它可以与社区或住院 SMHSOP 服务相结合。有关此类服务的更多信息可在 SMHSOP 急性住院病人单位护理项目报告中找到。

正如 SMHSOP 服务计划中所报告的那样,有一些证据表明在医疗病房中联络式 SMHSOP 服务,特别是在抑郁症的识别和治疗结果方面,是有显著效果的。两项随机对照试验也显示住院时间和费用减少,其中一项已证实养老院入院率较低。

8. 危机护理

社区 SMHSOP 服务在危机护理中的作用将取决于当地的安排。在大多数 LHD 中,危机护理职能和专职人员/团队是成人心理健康服务的职责。然而,社区危机服务或强化社区团队为老年精神疾病患者提供的护理已被发现减少了一些老年人入院的需要,支持早期出院,缩短入院时间,减少住院转诊方面的担忧。

9. 宣传、预防及早期干预

一些关键的政策文件强调了促进和预防精神健康的重要性。鉴于精神疾病往往得到认可,并且经常被误传为老龄化过程的正常部分,因此针对老年人的心理健康促进和预防举措尤为重要。通过针对经历风险因素的老年人,特别是由于疾病或处方药物导致的功能限制,具有小的社交网络和具有亚阈值(即亚肾上腺)症状,可以有效地实现晚年抑郁症的预防。

SMHSOP 服务计划表明,预防和早期干预策略应成为 SMHSOP 社区服务活动的一部分,包括促进自我护理和同伴支持方法以及与家庭、护理人员和社区建立关系的能力,以识别早期预警信号并支持老年人正视精神健康问题,教育和培训及相关服务,以促进老年人心理健康问题的早期和有效反应。这些通常将通过初级卫生保健模式,与初级卫生和老年护理服务、社区支持服务和全科医生合作推进。SMHSOP 社区服务开展的具体预防和早期干预活动的范围将受到资源水平的限制,该领域其他组织的工作以及最近的国家和新南威尔士州有关精神健康促进,预防和早期干预的政策指导和举措的影响,以及预防自杀。然而,关注早期干预和复发预防是 SMHSOP 临床实践不可或缺的一部分,这应该以文化相关和安全的方式进行。

(四)SMHSOP 专业社区老年精神健康服务的绩效评估

SMHSOP 服务模式的质量评估由本地系统及其中的个人驱动,由州和国家系统支持,以最大限度地提高性能和标准的一致性,并减少开发评估系统中可能会存在的重复工作。

在评估标准方面,国家精神卫生服务标准(2010 年)(NSMHS)和国家安全和质量卫生服务(NSQHS)标准为卫生服务提供了实施系统的框架,以提供安全护理并不断提高他们提供的服务质量。实施这两套标准对于满足精神卫生部门获得心理健康问题的人们的安全和质量要求非常重要,两套标准都不能单独使用。

在绩效和基准指标方面,SMHSOP 社区服务必须遵守强制性数据收集,包括国家心理健康绩效框架中概述的关键绩效指标(KPI)以及新南威尔士州卫生部和 LHD 之间服务绩效协议中包含的关键绩效指标。相关 KPI 包括 28 天内急性再入院、急性出院后社区护理(住院患者出院后 7 天随访)、HoNOS 完成率和服务对象体验测量(YES)完成率。YES 措施是根据国家精神卫生服务标准的恢复标准制定的全国性问卷。新南威尔士州健康绩效框架包括新南威尔士州卫生服务和组织预期的绩效,以实现所需的健康改善、服务提供和财务绩效水平。

SMHSOP 基准模型仍然是促进新南威尔士州 SMHSOP 社区服务质量和实践改进的有效模式。基准测试使 SMHSOP 社区服务能够相互学习,提高对当前服务交付的理解,确定最佳实践并改善护理。新南威尔士州的基准测试已经推动了 SMHSOP 社区服务的重大和持续改进。

在数据采集方面,新南威尔士州公共社区精神卫生服务数据收集包括多种类型。

(1)通过标准结果测量(MH-OAT 数据收集)报告客户临床结果—老年人所需的工具包括 HoNOS 65 ＋,RUG-ADL,LSP-16 和 K10 ＋ -LM / K10-L3D;

(2)通过心理健康动态(MH-AMB)收集活动报告;

(3)心理健康服务实体注册(MHSER)和心理健康机构数据(NMDS);

(4)财务报告和监督。

新南威尔士州健康数据收集和报告系统链接到相关的国家馆藏,如 National Outcomes 和 Casemix Collection169 以及国家心理健康最低数据集。

在监督和性能提升系统方面。在国家层面,澳大利亚卫生保健安全和质量委员会和澳大利亚健康与福利研究所以整个卫生系统为重点,为精神卫生部门提供指导。还有与精神卫生改革有关的活动,特别是在国家精神卫生委员会和 2012 至 2022 年国家精神卫生服务改革路线图的指导下,目前正在制定第五个国家精神卫生计划。在新南威尔士州,新南威尔士州卫生系统的关键机构,即临床卓越委员会、临床服务创新局和卫生信息局,支持临床医生和管理人员提高绩效并提供安全有效的医疗保健。新南威尔士州卫生部还领导了许多质量和安全措施,包括整个健康心理健康项目。新南威尔士州卫生政策为员工绩效管理和年度绩效考核的卫生服务提供指导。

第八章　城镇化背景下我国促进农村老人精神健康的政策实践

一、农村互助式社会养老模式

（一）实践及政策背景

邻里互助的传统在我国城乡社会中由来已久，这一传统在 2012 年更是被正式法律所明确倡导，即新颁布的《中华人民共和国老年人权益保障法》中明确提出要"倡导老年人互助服务"。从城市实践来看，北京、上海、天津、南京、广州等城市探索开展了"时间储蓄""老伙伴计划""劳务储蓄""结对帮扶""银龄互助"等互助养老形式。但从实践效果来看，因为面临安全性、可转移性、组织管理、信用保障、服务兑换等问题，绝大多数的中国城市社区互助服务发展效果不好，难以为继[①]。

从农村实践来看，近年来不少学者在对农村养老问题进行分析之后，已经提出面对农村传统家庭照料资源的弱化甚至缺位，要重视农村邻里间的互助，开展多种形式的互助养老，充分利用年老返乡人员和留守老人的闲力等[②]。但农村互助养老实践的主要形式还是互助福利院。根据 2014 年民政部发布的《中国民政工作报告》，2014 年我国政府共支持建设了 3.33 万个农村福利院项目。2011 年国务院办公厅印发《社会养老服务体系建设规划（2011—2015

---

① 陈友华,施旖旎.时间银行:缘起、问题与前景[J].人文杂志,2015(12):111 - 118.

② 王晓亚,孙世芳,许月明.农村居家养老服务的 SWOT 分析及其发展战略选择[J].河北学刊,2014,34 (02):94 - 97.

年)》、2013 年国务院办公厅印发《国务院关于加快发展养老服务业的若干意见》、2016 年民政部、国家发展改革委发布《民政事业发展第十三个五年规划》，均提出要大力支持农村互助型养老服务设施（互助式养老服务中心）建设。

（二）互助式社区居家养老

根据刘妮娜等（2017）对北京市和浙江省的调研，一些发达农村的社区居家养老服务中心已经承担起互助型社区居家养老的职能，虽然建设时间不长，但已经形成了由政府主导推动、村两委或农村社会组织组织运营相对高水平的福利性或半福利性互助型社区居家养老模式。

首先，在管理运营方面，目前管理者包括村委会和社会组织两类，以村委会管理为主，也有地区是由社会组织充当管理者和组织者的角色。例如，浙江省安吉县。2006 年以来，安吉县老龄办积极推广依托农村老年协会，建立"银龄互助服务社"，为农村老年人提供娱乐活动、老年餐桌和志愿互助服务，后来发展成为居家养老服务站。在费用方面，根据调研测算，一个发达农村养老服务中心的建设费用大约在 30 万元左右，每年运行经费（主要是老年餐桌）在 15 万元左右。建设和运营资金主要来源于政府拨款补贴、村集体保底给付、农业合作社、NGO 等社会组织出资、社会捐赠、服务对象交纳六大部分。总的来看，发达农村之所以能够将养老服务中心，尤其是老年餐桌服务初步运行起来；政府发挥作用主要是建设方面（占建设成本的 30%～50%），其他建设和运行经费则依靠村集体经济实力、本区县社会组织、企业和社会捐助以及老年人的给付。

其次，从服务层面来看，养老服务人员包括专职人员、兼职人员、志愿服务人员 3 类。服务类型包括文化娱乐、老年餐桌、日间照料、上门照料等。养老服务人员以 45 岁以上的准老年人和老年人为主，专职人员数量很少，一般 1～2 名，兼职人员几乎没有，有的也仅有 1 名，志愿服务人员较多，绝大多数是女性、务农或退休、或 60 岁以上。服务类型仍以文化娱乐和老年餐桌为主。虽然调研的大多数农村没有开展日间照料或者上门照料服务，但是一些地区已经在探索由政府低偿购买农村老年人的服务，为失能老人提供生活照料。安吉县即从 2015 年 8 月实施新的居家养老服务补贴制度，指出在农村（含村改居社区）的失能老人，由乡镇政府、街道办事处按补贴标准向各村居家养老服务照料中心和村老年协会银龄互助服务社购买服务,并与其签订购买服务协议。

再次,评估以政府评估为主,村委会和社会组织在年末一般也会进行自我评估和账目核查工作。浙江省做的相对较好,政府对老年餐桌硬件设施和运营情况进行评估,并根据评估结果给予每年的资金支持/奖励。

(三)互助式机构养老

农村养老机构大体可以划分为公办养老院和民办养老院两类。与民办养老院相比,公办养老院获得了政府的支持,资金来源于政府拨款,但一般只收纳五保户。民办养老院的优势则在于受行政力量约束小、经营灵活、自主性强。

首先,在公办养老院方面,它们一般都形成了较成熟的运行机制,但行政色彩浓厚。一般来说,发达农村公办养老院的硬件设施建设要远好于管理服务。例如,北京市延庆县井庄镇敬老院由政府投资兴办,2012年初,利用福彩资金进行重装翻建,建成了水、电、网络、消防、无障碍设施设备俱全的乡镇级养老服务中心,建设总面积达到1800余平方米,可以同时容纳70名老人。2015年有工作人员3名,为老人提供做饭、清洁及生活照料等服务。然而,井庄镇养老服务中心收住的老年人仅有11名,全部为农村五保户老人,生活基本可以自理,床位利用率仅有15.7%,造成了养老资源的严重闲置和浪费。浙江省金华市金东区澧浦镇敬老院也面临同样的问题。欠发达农村硬件设施相对简陋,只收纳五保户老人,服务人员数量不足,但一些敬老院摸索出一套颇具特色的具有"互助""自治"特点的运行模式。以上海市奉贤区海湾镇为例,该镇以社区照料体系建设为重点,从关爱结队、温馨照料、暖心帮助三个方面,给予"住家"老年人精神、生活、物质的关爱。一是关爱结队,开展海湾镇"365"关爱空巢老人志愿服务项目,4年来,共有298名志愿者与辖区内70岁以上空巢老人一对一结对,通过每天联系一次、每周上门走访一次、每月医疗保健服务一次、每季度融合活动一次、每半年回访评估一次的"五个一"服务,提供全年度的关爱。二是温馨照料,通过"温馨家政"为本镇80岁以上老年人提供两天1小时的免费居家养老服务,现有166户高龄老人受益。三是暖心帮助,设立了"孝贤专项基金",筹集爱心捐款360万元,为帮扶困难老人,以及为失能失智老人提供必备的尿布和尿垫等提供资金。

其次,在民办养老院方面,探索了新的自助—互助形式。在农村社会养老服务供求失衡的情况下,民办养老院根据市场需求应运而生,并涌现出不少院民自发进行的"自助—互助"形式。例如,上海市松江区叶榭镇在 2016 年 2 月创办了名为"幸福老人村"的长者照护之家,创办者为本乡本土的青年蒋秋艳等人。他们拿出自己的积蓄,向村北的 9 户人家租借了 10 栋宅基房,在不改变房屋基本结构的基础上进行内部设施的连片改造,将其划分为办公区、老年人活动区、居住护理区等 5 个区域,设置 49 张床位;房屋内部设施均按照上海养老机构建筑设计标准进行设置,配齐无障碍设施、智能呼叫系统、一键式电话、红外线监控设备等。幸福老人村提供三种形式的服务:住养服务、日间照料服务和居家养老服务。

(四)农村互助式社会养老模式总体分析

如图 8-1 所示,中国农村互助型社会养老的发展道路应该是以低成本、广覆盖、可持续为目标,以"自助—互助"的理念与行动为核心,有效利用农村老年人力资源,发达农村与欠发达农村差异化发展。

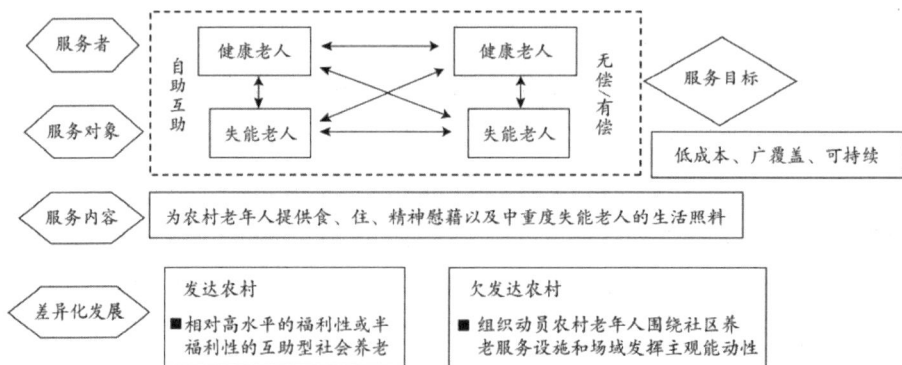

图 8-1　中国农村互助式社会养老的发展模式①

首先,中国绝大多数农村的经济欠发达性决定了农村社会养老的目标应该是低成本、广覆盖、可持续。目的在于尽可能地满足农村老年人的养老需求,即食、住、精神慰藉以及中重度失能老人的生活照料。其次,"自助—互助"的理念与行动是农村互助型社会养老的核心。发达国家和中国城市互助养老的发展

① 刘妮娜.互助与合作:中国农村互助型社会养老模式研究[J].人口研究,2017,41(04):72-81.

均以这一理念为指导。"自助—互助"的理念意味着打破家庭与社会的界限,让老年人走出家庭,融入社会。老年人在帮助他人的同时,亦可重新体会到自己的价值,提升自我效能感、身心愉悦感,缓解精神孤独和压抑情绪。再次,互助型社会养老的重点还在于农村老年人力资源的有效利用。伴随人口老龄化程度的加深和人口健康预期寿命的提高,健康老年人作为"准生产者"如何贡献力量、自力养老,减轻社会负担,提高生命质量,是老龄社会人力资源开发的重要议题。农村互助型社会养老是对农村老年人力资源使用的一项有益探索。因此,互助型社会养老不同于无偿的老年志愿服务,它既可以是无偿的,也可以是有偿的,比如政府、村两委、非营利机构、社会组织、失能老年人都可以因地制宜、创造性地组织购买农村老年人服务,既满足服务对象的养老需求,也增加服务者的收入。最后,地区发展的非均衡性决定了不同农村地区社会养老的发展方向可能存在一定的差异,欠发达农村不能盲目照搬发达农村的实践经验。

二、时间银行

(一) 背景及原理

在《时间美元:使美国人能够将他们隐藏的时间资源转化为个人安全和社区复兴》一书中,美国法学教授埃德加·卡恩(Edgar S. Cahn)创造了"时间美元"这一术语。这本书是卡恩教授 1992 年与 Jonathan Rowe 共同撰写的,此后他还继续创造了"Time Bank"(时间银行)和"Time Credit"(时间信用)这两个术语。

根据卡恩教授的说法,时间银行之所以兴起是因为"社会项目的资金已经枯竭",而美国社会服务的主导方式并未提出创造性的方法来解决问题。他后来写道:"美国人至少面临三个相互关联的问题:最底层的人获得最基本的商品和服务的不平等现象日益严重;因重建家庭和社区而不断增加的社会问题;以及对旨在解决这些问题的公共计划越来越失望,并且支持解决社会问题的努力的危机直接源于重建真正社区的零碎努力的失败。"卡恩教授对社会服务中普遍存在的自上而下的态度予以特别关注。他认为,许多社会服务组织的一个主要缺点是他们不愿意接受那些他们试图帮助的人的帮助。他称之为基于赤字的社会服务方法,组织只是根据他们的需求来看待他们试图帮助的人,而不是基于资产的方法,该方法侧重于每个人都可以为社区作出的贡献。他认为像时间银行这样的系统可以"重建信任和关怀的基础设施,可以加强家庭和社区"。他希望这个制度"能够使个人和社区变得更加自给自足,使自己免受政治变幻莫测的影响,并利用那些实际上被降级为废品堆而被解雇为贪婪者的个人的能力"。

时间银行是一种社区发展工具,其工作原理是促进社区内技能和经验的交流。它旨在通过评估和奖励其中所做的工作来建立家庭和社区的"核心经济"。世界上第一个时间银行是由 Teruko Mizushima 于 1973 年在日本开始建设的,其想法是参与者可以获得他们在生活中可以随时度过的时间积分。她的银行基于这样一个简单的概念:作为服务给他人的每一小时都可以在未来的某个阶段为送礼者提供相应的服务时间,特别是在他们最需要的时候。在 20 世纪 40年代,水岛已经预见到了如今所见的老龄化社会中出现的问题。在 20 世纪 90年代,该运动在美国起飞,卡恩博士在那里开创了它。与此同时,Martin Simon也在英国开始了时间银行的探索。

保罗·格洛弗于 1991 年发明了伊萨卡小时(Ithaca Hours)。每一个伊萨卡小时的价值为 1 个基本劳动小时或 10.00 美元。专业人员有权每小时收取多个伊萨卡小时,但通常会以公平的精神降低其费率。价值数百万美元的伊萨卡小时在数千居民和 500 家企业中进行交易。提供免息的伊萨卡小时贷款,并向 100 多个社区组织提供伊萨卡小时补助金。在 2017 年,Nimses 提供了基于时间的货币 nim 的概念。1 nim=1 分钟的生命时间。这个概念最初是在东欧采用的,该概念基于普遍基本收入的概念。每个人都是 nim 的发行人。对于他/她生命中的每一分钟,他可以花费或赠送给其他人。

作为一种哲学,时间银行中的交易是建立在五个原则之上,它们被称为TimeBanking 的核心价值观,即:①每个人都是资产;②某些工作超出了货币价格;③互惠互助;④社区(通过社交网络)是必要的;⑤尊重所有人。理想情况下,时间银行建立社区。Time Bank 成员有时会将此称为回归到社区为其成员提供所需的美好简单时代。

（二）时间银行在我国的具体实践

一个比较公认的看法是,1998 年在上海市虹口区提篮桥街道晋阳居委会在试行"时间银行"拉开了我国探索"时间银行"模式的帷幕。此后,这一做法在全国不少城市推广实践。根据陈功和黄国桂(2017)的划分①,时间银行在我国的发展历程大致可以划分为三个阶段。第一阶段为 1998—2003 年的萌芽期。这一时期的时间银行的主要形式为居委会动员社区内低龄老人为高龄老人提供服务,借助时间存折记录服务时间和服务内容,使老人能够在日后兑换服务。自上海出现全国第一个时间银行后,全国各地均慕名前来取经,太原、广州、北京、南京、杭州、哈尔滨等地也陆续出现时间银行,有的还运行至今。第二阶段是从 2003—2008 年的曲折时期。各地的时间银行在具体实施过程中,由于对不同服务缺乏一定的换算标准、宣传不到位导致参与人数不足、高龄老人需求大与服务人数少等问题,相继陷入停滞和关闭状态。第三阶段是 2008 年以来的快速发展时期。由于奥运会、汶川大地震等公共事件的发生,全社会的志愿服务精神大增,让时间银行又回到了公众视野,并迅速发展起来。这一阶段中,时间银行的发展不再单一由政府主导,而是出现了形式不同的三种模式②。

第一种模式是社区自发建立的时间银行,它是当前我国时间银行实践的主要类型。典型案例是我国第一家时间银行——上海晋阳时间银行、南京兆园社区时间银行等。此类时间银行一般有以下的特点:第一,发展时间较早,由社区居委会发起,居委会干部带头参与,服务范围仅限本社区。上海晋阳时间银行是由晋阳居委会发起,并且居委会书记带头参加时间银行以鼓励社区居民参与,而南京兆园时间银行则由居委会主任发起。由于基于社区居委会发起,因而服务的范围也仅限本社区,社区以外的成员缺少参与的途径。第二,时间银行作为社区居委会的附属机构,由居委会成员负责运营。时间银行工作人员为居委会成员,这在一定程度上方便时间银行在社区里面的推广,但也由于这种"兼任"的形式,工作人员专业水平不高,无法全心全力致力于时间银行的进一步发展。第三,信息技术化水平落后。此类时间银行由于仅限在社区内,对信

---

① 陈功,黄国桂.时间银行的本土化发展、实践与创新——兼论积极应对中国人口老龄化之新思路[J].北京大学学报(哲学社会科学版),2017,54(06):111-120.

② 张文超,杨华磊.我国时间银行互助养老模式的发展与启示[J/OL].南方金融:1-11[2019-05-07].

息化技术需求不强烈,对于成员服务的记录主要通过传统纸质方法,这不方便信息的保存,导致信息记录丢失,这也是后来晋阳时间银行停办的原因之一。第四,对时间银行的运营、制度规范等方面进行了初步探索,为后来我国其他地方时间银行的实践提供了经验借鉴。

第二种模式是社区与企业或民非组织合办的时间银行。典型案例如幸福九号电子商务公司与上海的社区合办的时间银行、以社区卫生服务中心为主体的衡阳市石鼓区的时间银行、浙江金华市八咏楼社区则是借助浙江师范大学社工专业师生建立的乐福社会工作服务中心。此类时间银行的最主要的特点就是依靠第三方组织形成独特发展模式。作为全国最大的居家养老服务公司,幸福九号电子商务公司与社区的合作开创了 O2O 公益模式,实现线上与线下的联动,线上打造 IT 平台,志愿者可以通过平台选择任务或发布需求,记录时间币获取、支出等;线下借助幸福九号公司已有的 3 000 多家居家养老服务店将关爱空巢老人的行动覆盖至全国数百个城市社区;衡阳市石鼓区则以当地社区卫生服务中心为主体,联合南华大学护理学院,形成了"医养结合"的时间银行模式;八咏楼社区则依靠社工的专业优势,通过社会组织培育、社会工作参与、社区建设形成了三社联动机制。

第三类模式是基于政府购买服务建立的时间银行。此类时间银行目前在我国时间银行的实践中还比较少见,但随着时间银行理念被政府所推崇,它有逐渐增多的趋势。结合已有文献,以广州市南沙区时间银行为代表的基于政府购买的时间银行存在以下的特点:第一,政府参与明显。一方面,政府通过购买服务,在一定程度上使时间银行摆脱了缺乏资金的问题;另一方面,有政府作为后盾,可以使公众对时间银行产生信任感,促进越来越多的公众参与到时间银行中,有助于时间银行的推广,例如,2017 年 6 月起,南沙时间银行在全区各镇(街)建设服务站。第二,通过政府购买服务方式使时间银行的服务和管理质量不断提升。一方面,借助政府购买服务这一形式,政府对时间银行的具体运营提出了明确的量化指标,这保证了中标机构的日常运营是有方向有目标的,同时也为项目评估提供了标准。

三、精神健康"守门人"模式

（一）项目背景

精神健康"守门人"模式肇始于 19 世纪 60 年代的美国费城,最初是培训"社区中同大部分社区成员有日常的面对面接触的人"来识别社区中有自杀风险的人,并提供转介治疗或恰当的支持服务①。在此后的发展中,这一模式不断拓宽自己的应用场景,在教育、医疗、军队中不断被使用。有鉴于我国广大农村地区老人的精神健康问题因为子女进城务工、经济生活困难而广泛存在,自 2011 年起,清华大学医学社会学中心和公共健康研究中心开始了一项名为"中国农村老人心理危机干预"的社区行动计划。截至 2015 年,该项目已经实施了项目试点、项目推广、示范县建设等三期工程,完成了对 11 个村共 992 位老人的干预研究和对 11 个村共 1 035 位老人的对照研究。这 22 个村分布在黑龙江、内蒙古、山东、云南、四川、广西和福建七省。从 2015 年开始的项目第四期则分别涉及 8 个干预村(样本 798 人)和 8 个对照村(样本 877 人)。这些研究样本分别在除上述黑龙江、内蒙古、山东、云南、四川 5 省外,新增河南、甘肃和安徽 3 个项目点。正是在这些调查研究的基础上,项目团队总结出了一套以"守门人计划"为核心的农村社区老人精神健康社会干预模式②。这套模式紧密结合在地实际,有夯实的研究基础、多样的活动形式、灵活有效的多部门合作机制,以及采用了多维度的社会干预措施,总体上取得了显著的成效,广受所在地区农村社区老人及相关各方的欢迎。

（二）项目的研究基础和活动形式

"中国农村老人心理危机干预"项目有较为坚实的研究基础,这主要体现在以下四个方面,即:理论基础、组织基础、调查基础和群众基础。第一,在理论基础方面,该项目中提倡和依靠的是志愿服务,是农村社区中的互惠和互助精神。

---

① 梁挺,张小远,王喆.自杀"守门人"培训研究述评[J].心理科学进展,2012,20(08):1287-1295.
② 方静文,张军,孙薇薇(2016).幸福守门人——中国农村老年人精神健康促进模式探索.

这种精神在我国乡村社会中长期存在,根据费孝通先生在《乡土中国》中的提法,中国传统社会中的人与人之间的关系以血缘、地缘为基础,从家庭向家族、宗族、姻亲、邻里等外展延伸。具体来说,互助的形式多种多样,且广泛存在于全国各地的农村之中。社会学家大多从功能主义和道德主义两个理论路径来解释这种精神在我国农村地区的广泛存在①。这一精神在农村老年人生活中的最直接的体现就是互助养老各种模式的产生。古有"单""义庄""姑婆屋"等互助性组织;当下也有农村"老人会"等互助养老方式。

第二,在组织基础方面,该项目设计了一个包括三个层级的金字塔结构来执行相关的干预计划。处于金字塔顶端的是由当地政府职能部门的官员以及精神健康领域的专家所组成的合作团体。这些官员多来自地方妇联、计生机构和疾控中心等,负责项目的组织和协调,如寻找专家、组织守门人培训、推动多部门合作等;专家包括有资质的心理咨询师以及精神科医生,负责监管村一级的心理筛查,利用专业知识提供心理健康方面的教育、培训以及必要的干预。如果遇到无法解决的问题时,他们会将老人转诊至当地的精神病医院或其他综合性医院的精神科。金字塔的中间一层是由乡镇一级政府的官员,由乡镇计生部门和妇联的干部组成。他们在项目中扮演上传下达的角色,他们的配合程度对整个项目的实施至关重要。金字塔的最下面一层是村干部、小组长、村妇女主任、村医和学校老师。这些人扮演着具体的"守门人"角色,是整个项目的核心。他们年龄大多在40—60岁之间,因为常年在本村居住,且日常工作中常常与村民接触,他们对于本村老年人的状况都比较了解,具备一定的威望和服务能力。他们在项目中承担的任务包括:实施心理筛查、为组织精神健康教育等提供辅助、对老年人精神状态进行监管、定期组织集体活动(如广场舞),以及将高危人群转介至精神科医生等专家处。

第三,本项目还有严谨科学的调查基础,并依据调查结果对干预对象进行分类。项目的基线调查分为三步:①前期沟通;②调查人员选定与培训;③确定抽样方法与调查对象。在具体抽样过程中,是在每个选中的村中随机抽取100名60岁及以上的老年人作为调查对象。项目还确立了以问卷评估为核心、以定性评估与专家评估相结合的评估原则。

具体在问卷评估中,他们设计了名为《中国老年情绪问题干预示范研究调

---

① 刘妮娜.中国农村互助型社会养老的类型与运行机制探析[J].人口研究,2019(02):100-112.

查问卷——农村老年人情绪健康评估用》的问卷,主要内容分为社会人口综合调查评估和情绪问题筛查工具两部分。其中,在情绪问题筛查部分,所使用的量表包括:《流调中心抑郁水平评定量表(CES-D)》(20 道问题)、《UCLA 孤独感量表简版(ULS-8)》(9 道问题)、《日常生活活动能力调查表(ADL)》(14 道问题)、《老年人生活事件量表》(38 道问题)、《生活质量量表(QOL)》(6 道问题)、《社会支持评定量表》(11 道问题)、《抑郁症筛查量表(PHQ-9)》(16 道问题)、《酒精使用障碍筛查量表》(AUDIT)(10 道问题)、《自杀意念、计划、姿态、企图量表》(5 道问题)等。定性评估部分则包括随机抽取若干位空巢老人、家属、村委会干部、守门人等,运用配对式个案访谈于半结构性访谈等方法开展定性比较分析。在专家评估部门,项目组建了由社会学专家、老年学专家、心理学专家、精神科医生、社会政策研究者、社会工作学者等专业人士组成的专家评估督导小组。

根据问卷调查,项目组发现孤独感、抑郁情绪和抑郁症等精神健康问题在我国农村老年人群体中均不同程度存在。主要有五个方面的影响因素:第一个影响因素是经济压力较高,这主要有两类情况,第一类是老人与子女经济水平都较低;第二类是子女有养老能力,但子女都不愿意养老导致老人老无所依。第二个影响因素是由家庭矛盾、婆媳矛盾和推诿养老等导致的养老问题。第三个精神健康影响因素是老年人群体中的久病难愈问题,经常出现的情况是慢性病伴发抑郁症。第四个影响因素是精神娱乐生活匮乏。第五个影响因素是精神卫生相关知识与信息匮乏。基于这些数据,项目组将参与研究的农村老人分为普通人群、临界点干预人群(危险人群)和转诊干预人群(高危人群)三大类。具体划分标准为:CES-D 抑郁水平得分 < 16 分则划定为普通人群;CES-D 抑郁水平得分 > 16 分,但过去 12 个月中没有考虑过自杀则划定为临界点干预人群;CES-D 抑郁水平得分 > 16 分,且过去 12 个月中有考虑过自杀则划定为转诊干预人群。

第四,项目形成和建立了良好的群众基础。由于"守门人"形式的确立,为农村老人增加交往互动创造了契机,帮助他们走出家门、互动互助。另外,由于农村集体经济的式微,且青壮年劳动力人口大量流出农村进入城镇地区务工,农村老人长期被忽略,他们将这项干预计划视为来自国家的关心。除了老年人外,项目的"守门人"也都非常配合,他们觉得关爱今天的老人就是关爱明天的自己,认为"送人玫瑰,手有余香"。

最后,在活动形式方面,该项目主要实施了四类活动。第一是组织守门人接受必要的培训,如参加心理健康科普教育计划、培训专题讲座与示范、了解心理危机及自杀行为通常的原因等。第二是搭建平台,建立守门人与组内老年人的相互联系登记制度,制作并发放"求助联系卡";同时,还建立起守门人与精神科医生或专家的联系途径,确保每个守门人都持有精神科医生或专家的联系方式。第三是建立守门人对普通老年人群的随机走访记录制度,以及对危险人群和高危人群的定期走访记录制度。守门人每次走访应至少持续30分钟,走访的内容如下。

(1)将科普活动所设计的科普宣传册对老人进行逐条讲解;

(2)每次带去一些与身体及心理健康相关的知识和信息;

(3)经常强调老人在面临问题时可以与自己联系;

(4)编制《守门人日记》。

第四类活动是守门人将负责干预的老人按照地域或者志趣相近等原则分成4-5人的小组,定期组织活动,鼓励老人从互动走向互帮互助。

(三)建立多部门合作机制

该项目在实施过程中,与老龄委和部分成员单位以及爱心公益协会密切协作,广泛开展了关爱农村老年人的活动。在具体的操作过程中,各部门的责任和合作分工如下。

(1)老龄委:协调和推动各部门单位加强对老龄工作的指导和管理,开展有利于老年人身心健康的活动;指导、督促和检查各个乡镇、街道和村的老龄工作;组织协调有关老龄事务的重大活动;

(2)文明办:将敬老爱老和保护老年人合法权益纳入精神文明创建工作;

(3)民政局:制定养老服务事业发展规划,发展养老项目和抓好养老服务设施建设和管理;制定社会化养老扶持政策;组织农村"五保"供养政策,加强农村敬老院建设;做好扶持和救助贫困老人的工作;

(4)文广新局:研究拟定老年文化事业发展规划并组织实施;参与组织带有导向性、示范性的老年文化活动;鼓励、支持创作、演出反映敬老养老、贴近老年人生活的优秀文化作品;发展老年文娱场所;

（5）卫健委：研究拟定老年医疗保健规划并组织实施，完善老年医疗保健服务网络，做好老年病预防、治疗、保健、康复工作，为老年患者提供优质、高效、便捷的医疗卫生服务；

（6）司法局：将老年法律法规列入普法规划和年度计划；做好对老年人的法律援助和法律服务工作；发挥基层调解组织的作用；

（7）妇联：参与有关保护老年妇女权益政策的研究落实；组织妇女开展尊老教育和各种助老服务；丰富老年妇女的精神文化生活；

（8）教育局：组织开展各种形式的尊老敬老教育活动；组织老教育工作者开展老有所为活动；充分发挥老教育工作者的优势，为老年教育提供人才支持；

（9）公安局：及时预防、依法打击侵害老年人合法权益的违法犯罪活动；对老年人进行自防自护教育；为老年人提供治安、户籍、交通等服务；依法查处危害老年人人身、财产安全等违法犯罪行为；

（10）体育局：研究拟定老年体育的发展规划并组织实施；宣传和普及老年人体育健身知识和方法；加强对老年人科学健身的指导。

（四）多维度的社会干预措施

"中国农村老人心理危机干预"项目主要从三个维度实施社会性干预措施，分别为：组织社区集体活动、进行家庭内部干预，以及促进同伴互助。首先，在社区集体活动方面，主要指的是根据老年人的心理和生理特点，在妇联、社区和志愿组织的组织下，开展的语言交流、肢体、兴趣、文娱、公益等活动，它们的目的是促进老年人身心健康、提高他们的晚年生活。开展社区集体活动的有两个前提，即热爱老年事业和尊重老人。具体的活动形式包括知识讲座、健康运动、趣味体育、义诊咨询、心理疏导等，并会结合春节、中秋和重阳等重要节日，开展送文艺、送欢乐下乡等活动。按照年龄层次来分：针对 75 岁以上的老人，一般开展活动量较少的游戏、交谈、静养等形式；针对 65—75 岁老人，大多为户外或室内安全系数高的综合性活动；针对 65 岁以下的老人，除强体力活动之外的一般活动都可以开展。

在社区集体活动中，以专业知识为主要内容的活动会以社会工作者和心理医生为主体，运用专业方法和专业技能，开展有针对性的心理疏导、心理减压、家庭干预、心理健康科普知识讲座等活动；在以文娱趣味为主要内容的活动中，妇联和社区会组织有共同兴趣的老年人,以快乐为目的,开展同伴互助、政策倡导、趣味体育、游园等活动;在以志愿服务为主的活动中,会发挥公益和志愿服务组织的作用,以服务老年人为工作宗旨,为农村老年人提供义诊、助耕、帮困扶贫等活动;在以部门参与为主要内容的活动中,会将部门的精准扶贫工作与关爱农村社区老年人工作紧密结合,建立长效机制,并纳入目标考核。

该项目还会进行家庭内部干预,主要的干预形式可分为三种。一是组织代际间的亲情互动联欢会。利用中秋、春节等传统节日一些外出务工人员返乡之机,以家庭为单位,由妇联组织部分老年人和他们的子女、儿媳、女婿或伴侣共同参加联欢活动,促进代际交流,增加亲情和消除隔阂。二是从教育入手,唤醒子女对父母的感恩之心。项目会组织开展专门由老人的子女参加的培训、座谈和联谊活动,通过共同分享来教育这些子女感恩父母。同时,他们还推动守门人与被守护老人的子女建立经常性的联系和沟通,并定期举办"最美家庭"评选活动,对尊老敬老的子女进行表彰和奖励。三是项目还积极促进老年人在自娱自乐中寻找快乐之源。他们将组织、动员、引导老年人自主参与作为桥梁,让他们在自娱自乐中找到效能感和自信心。

最后,该项目还会针对普通老年组、危险老年人群组和高危老年人群组开展同伴互助的干预措施。具体开展的活动有七类。一是进行同伴互助分组。守门人将自己负责干预的老人进行分组,以3—4人为一组,每个组由守门人指定一位老人为同伴教育员,负责邀约本组人员参与活动。二是进行培训,在干预村中开展老年人心理健康、老年人权益保护及预防被骗等的知识讲座。三是建立同伴交流制度。该制度要求同伴教育员与守门人每月一次邀请关爱对象与普通老年人一起打牌、唱歌、聊天等。第四是建立对关爱对象的定期寻访记录制度。要求守门人与同伴教育员每个月至少寻访一次。第五是成立老年人和中年人文艺队,开展具有地方特色的文艺活动,丰富老年人的精神文化生活。第六是建立老年人活动室,配置象棋、扑克牌等,让老年人有聚集在一起的机会。最后是组织开展各种节庆联欢互动,让老年人感觉有了集体感,减轻了孤独感、增加了存在的价值感和幸福感。

第九章 结 语

一、研究结论总结

本书中的各项研究揭示了在城镇化背景下,各种社会因素是如何影响我国农村社区老年人群以抑郁症状为代表的精神健康的。本书发现,城镇化可能会从个体生命历程、家庭居住安排和社区环境等层面对我国农村社区老年人口的精神健康产生正面或负面影响。作为一个多维度的社会过程,本书根据我国的国情将城镇化概念化为社会身份的转变、家庭居住安排的转变,以及社区环境的重构。基于对人类发展的社会生态学观点,本书介绍了三项子研究,从而检验每个层面的影响因素的作用机制。这些研究均为定量研究,借用了 2011 年"中国健康与养老追踪调查"(基线调查)(CHARLS-Baseline)的子样本。此外,本书还介绍和分析了国际和国内促进社区老年人精神健康的典型案例,用以补充定量研究的未及之处,并试图归纳相应的政策建议。

首先,利用发展适应模型(DAM),本书的第一个子研究考察了远期生活事件(即儿童时期的逆境经历)和近期生活事件(即城镇化中的社会身份的转变)是如何与当前的个体发展结果(即抑郁症状)相关联的。该研究筛选除了CHARLS 数据库中的 14 681 名受访者的信息以供分析。这些受访者符合以下三个标准:①年龄在 45 岁或以上;②第一个户口的性质为农业户籍;③16 岁以前主要生活在农村地区。通过调查儿童时期逆境经历的潜在类别结构和社会身份的调节作用,该研究分别揭示了中观系统(即儿童时期逆境经的类别)、宏观系统(即户口政策),以及时间系统(即远期和近期生命事件与当前抑郁症状之间的关联)的效应。这项研究有三个主要发现:首先,儿童时期的逆境经历与中国农村社区中老年人的抑郁症状存在显著相关关系。其次,以居住地和户口身份为代表的人的社会身份与我国社区中老年人的抑郁症状存在显著相关关系。也就是说,城镇户籍身份与较低的抑郁水平相关。最后,城镇化进程中的身份转变显著缓解了儿童时期逆境经历与晚年抑郁症状之间的相关度。这项研究还表明,对于儿童时期家庭社会经济地位较低和健康状况较差的人来说,城镇化程度越高,则抑郁程度越高。简而言之,城镇居住形式和城镇户口,通常与我国农村社区老年人的抑郁程度较低有关;相反,对于家庭背景低且健康状况较差的人来说,获得城镇身份则与高抑郁症相关。

第二项子研究以压力缓冲模型为基础。该模型研究了子代外迁导致的家庭居住安排变化是否与中国农村社区中老年人的抑郁症状呈负向相关关系,以及家庭层面的资源,包括家庭收入、家庭成员的物质支持以及子代的情感支持,是否可以显著弥补和缓解这一负向关系。也就是说,这项研究旨在揭示微观系统内的张力(即家庭支持和家庭生活安排)对社区中老年人的抑郁症状的影响。本研究筛选了 CHARLS 数据库中 9225 名受访者的信息以供分析。这些受访者是根据三个标准进行筛选的:①年龄在 45 岁或以上;②目前生活在农村;③有一个或多个成年子女。此外,由于本研究考察了从子代和其他家庭成员处获得的物质支持,因此排除了仅为了教育目的而迁移到城镇地区的子代的家庭。这项研究有三个主要发现:首先,有子代迁出到城镇地区的受访者报告的抑郁症状更多。其次,家庭资源,包括家庭收入、家庭成员的物质支持和子代的情感支持,无法显著弥补子代外迁对我国农村社区中老年人口的精神健康的负面影响。最后,作为抑郁程度最高的群体,生活在隔代家庭中的社区中老年人应该得到更多的精神卫生服务支持。

基于根本原因理论,第三项子研究考察了土地征收与中国农村社区中老年人的抑郁症状之间的关系,以及该相关关系是否会受到社区物质环境和社会经济环境重构的显著中介作用。也就是说,本研究旨在揭示外部系统(即社区物理和社会经济环境)对社区中老年人抑郁症状的影响。本研究筛选了 CHARLS 数据库中 12 628 名受访者的信息以进行分析。这些受访者居住在遍布中国各地的 303 个农村社区中。每个社区包含 12 到 86 个样本。该研究有三个主要发现:第一,与没有征地的社区相比,有土地征用情况的社区中的中老年人的抑郁程度显著更低。第二,在物质环境方面,基础设施的数量对社区是否有土地征收与中老年居民的抑郁症状之间关联有显著的中介作用。第三,在社会经济环境方面,是否有基层社会组织是社区土地征用情况与中老年居民的抑郁症状之间的关联的显著中介因素。

二、研究的局限性

本书中的研究还有一些局限性。首先,这三项子研究均使用了从中国健康与养老追踪调查(基线调查)中所筛选出的截面数据。因此,我们无法证明社会身份转变、家庭居住安排和社区环境的重构与我国农村社区老年人口的抑郁症状之间的因果关系。

第二个研究局限与数据的可及性有关。由于使用的是二手调查数据,这三项子研究均无法将数据库中缺失的一些相关变量纳入分析。例如,个人层面的研究只能关注一小部分童年时期逆境经历的变量。尽管这7个研究变量涵盖了儿童时期生活创伤、健康和功能水平以及家庭社会经济地位等各个方面,但它们仍然很难全面描述受访者的童年逆境经历,同样的问题也存在于社区层面的研究中。该项子研究没有考察或控制除物质和社会经济环境以外的其他一些重要的社区层面因素,如犯罪率、社区凝聚力和精神卫生服务的可及性等。已有文献已经充分证明了这些因素对心理和精神健康有重要影响[1]。此外,由于CHARLS数据库未涉及相关信息,本研究无法控制微观层面的一些预防性因素,如个人特征、解决问题的能力、同伴关系和适应过程等。这些因素可能是一个人心理和精神健康的重要决定因素[2][3]。

第三个研究局限与变量编码的缺陷有关。在个人层面的研究中,我们是根据研究对象报告的回顾性信息来对他们的童年时期的逆境经历(例如儿童时期

[1] Pirkola, Sami, Sund, Reijo, Sailas, Eila, & Wahlbeck, Kristian. (2009). Community mental-health services and suicide rate in Finland: a nationwide small-area analysis. *The Lancet*, 373 (9658), 147–153.

[2] Mulder, Roger T. (2014). Personality pathology and treatment outcome in major depression: a review. *American Journal of Psychiatry*.

[3] Sowislo, Julia Friederike, & Orth, Ulrich. (2013). Does low self-esteem predict depression and anxiety? A meta-analysis of longitudinal studies. *Psychological Bulletin*, 139(1), 213.

的身体健康状况)进行编码的。这样的数据报告方式可能会增加数据的不准确性。此外,当编码"饥荒年出生"这一变量时,使用的是省级饥荒数据。尽管所选择的十大饥荒被公认为是中国现代历史上发生的最具破坏性的自然灾害,并且应该在受影响地区不同程度地影响整个人口,但这可能导致个体受访者饥荒经验与实际状况的错位。关于家庭层面的研究,使用与子代接触的频率作为获得情感支持的指标可能不是一个好的选择。这是因为频率并不一定能很好地代表关系质量和心理支持,两代人之间可能只是因为想要争吵而互相联系。

最后,值得注意的是,城镇化对中国农村社区中老年人心理健康的实际影响可能比本研究概述的综合情况更为复杂。一方面,虽然社会身份转型、家庭居住安排转变和社区环境重构是城镇化背景下个体、家庭和社区层面最重要的精神健康影响因素,但在中国的背景下,每个层面的许多其他因素也可以发挥作用。例如,在个人层面,过去的文献已经证明生活方式、职业和消费行为与一个人的心理健康显著相关[1],而这些方面的转变与城镇化进程相伴相随。在家庭层面,除了居住安排的改变外,我国农村家庭也可能在城镇化过程中经历搬迁、生活空间紧密化、家庭开支增加和福利政策改变等[2]。这些因素也可能对一个人的精神和心理健康产生直接或间接的影响。在社区层面,噪音和污染源的增加、社区步行环境、邻里设计和公共服务的可及性等都被证明是影响个人精神健康的重要因素[3]。另一方面,城镇化对精神健康的影响可能超出个体、家庭和社区层面。作为一个具有深远影响的宏观过程,城镇化也与社会/国家和全球议程密切相关,例如环境变化、贫困和治理能力等[4]。由于研究材料的可及性问题,本书的研究对宏观层面因素的关注还比较缺乏。

[1] McMartin, Seanna E, Jacka, Felice N, & Colman, Ian. (2013). The association between fruit and vegetable consumption and mental health disorders: evidence from five waves of a national survey of Canadians. *Preventive medicine*, 56(3), 225-230.

[2] Gong, Peng, Liang, Song, Carlton, Elizabeth J, Jiang, Qingwu, Wu, Jianyong, Wang, Lei, & Remais, Justin V. (2012). Urbanisation and health in China. *The Lancet*, 379(9818), 843-852.

[3] Evans, Gary W. (2003). The built environment and mental health. *Journal of Urban health*, 80(4), 536-555.

[4] Ravallion, Martin, Chen, Shaohua, & Sangraula, Prem. (2007). New evidence on the urbanization of global poverty. *Population and Development Review*, 33(4), 667-701.

三、研究意涵及未来研究方向

尽管存在以上局限性,但本书有助于加深学术界和政策界对城镇化背景下不同生命阶段的重大事件、家庭居住安排、社区环境重构与社区老人的抑郁之间关系的理解。在个体层面,通过考察发生在童年与晚年生活之间的宏观社会环境的变化(即城镇化)的调节作用,本研究更为清晰地梳理了童年时期生活经历与晚年抑郁之间的相关性;在家庭层面,本研究超越了既往文献中的"子代外迁和子代汇款"模式,并考察了所有可能的家庭成员的货币支持对老年精神健康的缓冲效应;在社区层面,本研究通过考察社区物质和社会经济环境因素的中介作用,将社区环境变化与个人精神健康联系起来。

通过这些工作,本书的研究在理论方面作出了以下的贡献。首先,分析了城镇化背景下社区老年人群的抑郁症状的社会决定因素,这增加了社会生态模型对人类发展结果的适用性。作为一个包括微观系统、中观系统、宏观系统、外部系统和时间系统的综合性框架,社会生态模型与城镇化的多维度性相契合。通过将研究放置在我国城镇化的背景之下,本书可以对各种系统中影响精神健康的社会性因素进行结构性的考察。其次,通过在特定国家的背景下对城市化进行概念化操作,本研究为社会生态框架提供了强有力的实证支持。场景化(contextualization)是社会生态模型的内在要求。由于不同国家或文化的社会结构可能不同,如果没有界定社会条件和生态,框架的应用的基础将是相当薄弱的。通过将中国的城镇化定义为个体层面的社会身份转变、在家庭层面的居住安排转变以及在社区层面的社区环境重构,本研究通过分析一个全国性的数据库而获得的经验证据为社会生态学框架提供了支持。

同时,本书的研究不仅可以为中国,也可以为其他发展中国家带来重要的政策启示。随着全球人口老龄化和城市化趋势的不断发展,即使是在低收入和中等收入国家中,人们也越来越多地关注到这两大人口发展趋势的交互作用[①]。如何塑造一个有助于改善人类晚年生活中的生命质量的城市化进程,已成为一

---

① Beard, John R, & Petitot, Charles. (2010). Ageing and urbanization: Can cities be designed to foster active ageing. *Public Health Reviews*, 32(2), 427-450.

个公众关注的重大议题。通过全面展示城市化与老龄化的交互作用,可以更有针对性的制定相关的政策。

本研究提出,公共部门应将"以人为本"作为城市化的核心原则,从而塑造有利于老龄人口精神和心理健康的城市。在个人层面,应对具有较低的社会经济地位的人予以特别关注,如家庭背景和儿童时期健康程度较低的人群。从生命历程的角度来看,世界卫生组织和 Calouste Gulbenkian 基金会(2014)提出,为每个孩子提供最好的生活起点的政策干预将在人的一生中产生最大的心理健康益处。因此,应在城市化背景下引入更多的社会包容性政策,以避免儿童时期的劣势在生命历程中不断累积。

在家庭层面,应优先考虑子女迁移的社区中老年人。子代在亲代的家庭或所居住社区中的缺席对于他们的精神健康来说会产生难以弥补的,子代外出导致的精神健康损失无法通过家庭收入增加、家庭成员的金钱支持以及与子代的非面对面的交流来弥补。因此,一方面要建立留守老人的心理健康支持服务,使他们有足够的资源来缓解子代外迁带来的压力;另一方面,应调整国家层面的城镇化战略,即提升农村经济,以适应和消化当地的青壮年劳动力,从而避免家庭成员的空间分离。

在社区层面,自 20 世纪 80 年代中期以来,我国在全国范围内采取了"社区建设"战略,通过扩大社区服务来建设社区能力。然而,在这项政策倡议中,农村社区基本上被忽视了[①]。借助城镇化的机遇,中国农村社区应该建设老龄友好型社区。这意味着不仅要建设好包括基础设施和文化娱乐设施等物质环境,还应包括社会经济环境的升级,如优化当地经济结构、建立收入保护项目和其他类型的福利政策,以及基于互助的社会组织和复兴当地的公民社会等。

本书的研究阐述了城镇化与中国农村社区老年人群的抑郁症状之间的关联,分别关注个体、家庭和社区层面的社会身份,居住安排和社区环境。这为未来的研究提供了可供发挥的空间。首先,未来的研究应该考察每个层面的其他因素,例如生活方式、家庭搬迁、生活空间变化和社区设计等。其次,随着越来越多纵向数据的发布,研究者可以更多地关注各种城镇化相关因素与社区老年人精神健康之间的因果关系。另外,由于精神和心理健康的社会决定因素对不

---

① Shen,Yuying. (2014). Community building and mental health in mid-life and older life: evidence from China. *Social Science & Medicine*,107,209 - 216.

同的人的影响可能也会有所差异,未来的研究应该更多地关注受影响的人如何应对压力因素以及个人特质如何与应对结果相关联。

附录　研究变量的编码

第四章中子研究的研究变量编码

主要研究变量	问卷中问题	编码方式
童年逆境经历（CAs）		
父亲过世	CA008_1_1.您父亲哪年去世的？ BA002.您是哪年出生的？	样本在 16 岁之前经历父亲过世
母亲过世	CA008_1_2.您母亲哪年去世的？ BA002.您是哪年出生的？	样本在 16 岁之前经历母亲过世
出生在灾荒年	Li（1994）：1915 年珠江流域大洪灾；1920 年华北饥荒；1928—1930 年西北大灾荒；1931 年大洪灾；1938—1946 年黄河大洪灾；1942—1943 年河南大灾荒；以及 1959—1961 年"三年自然灾害"	出生年份及出生地；受灾区域；灾荒持续时长
未接受教育	BD001.您的最高学历是什么？	文盲
父母为文盲	CA009_1_1.您父亲的最高学历是什么？ CA009_1_2.您母亲的最高学历是什么？	父母双方均为文盲
残疾	DA005.您是否有下列残疾问题？（1）躯体残疾；（2）大脑受损/智力缺陷；(3) 失明或半失明；(4) 聋或半聋；(5) 哑或严重口吃 DA006.您是什么时候开始出现以上残疾问题？	在 16 岁或之前出现残疾问题

（续表）

主要研究变量	问卷中问题	编码方式
健康水平差	DA048.您觉得自己 15 岁或之前的健康状况怎样？	健康状况差
社会身份		
完全城镇化	BB002. 您出生地的类型是什么？是农村还是城镇社区？	持有非农业户口
半城镇化	BB006.16 岁以前，您主要住在农村还是城镇？ BC001.目前您的户口类型是？	在城镇社区但持有农业户口
未城镇化	Urban_nbs . 根据国家统计局的划分，所居住社区为城镇社区还是农村社区。	在农村且持有农业户口

第五章中子研究的研究变量编码

主要研究变量	问卷中问题	编码方式
家庭居住安排		
没有子代迁徙的空巢家庭	A006_1_ — 16_.［姓名］和您是什么关系？	没有子代或孙代共同居住；也没有子代迁徙到其他县市
有子代迁徙的空巢家庭	A003.［姓名］是什么时候出生的？	没有子代或孙代共同居住；但有子代迁徙到其他县市
隔代家庭	CB051.［孩子姓名］的出生年月？	没有子代共同居住；与孙代共同生活
与所有子代共同居住	CB053.目前，［孩子姓名］在哪里常住？	所有子代都与之共同居住或居住在同一个社区
与某一/些子代共同居住，但同时有子代迁徙	CB058.请问［孩子姓名］现在还在上学吗？	与某一/些子代共同居住或居住在相同社区，但另一些子代外迁

（续表）

主要研究变量	问卷中问题	编码方式
家庭资源		
物质支持	CE009.过去一年,您或您的配偶从您的没住在一起的孩子[孩子姓名]那里收到过多少经济支持?	Log 值
精神支持	CD004.您和[孩子姓名]不在一起住的时候,您多长时间跟[孩子姓名]通过电话、短信、信件或者电子邮件联系?	9 个从高到低的类别,从最高频率的"差不多每天"到最低频率的"几乎从来没有"

第六章中子研究的研究变量编码

主要研究变量	问卷中的问题	编码方式
土地征收	JA035.自从 2000 年以来,你们村/社区曾经被征地吗?	哑变量
社区物理环境		
基础设施	JB003.有多少路公交车能到达你们村/社区? JB006_1.是否有自来水 JB007_4 & _5.是否有管道天然气/煤气 & 是否有液化石油气 JB010.你们村/社区有下水道系统吗? JB012.你们村/社区的生活垃圾如何处理? JB015.你们村/社区是否进行过改水改厕工程?	将是否有六项基础设施项目的情况编制成一个系数

(续表)

主要研究变量	问卷中的问题	编码方式
休闲娱乐设施	JB029_1[1—6].篮球场、游泳池、户外健身器材、桌球、棋牌室、乒乓球室	将有一项或更多休闲娱乐设施的社区编码为"1"
社区社会经济环境		
基层社会组织	JB029_1[7—12].书画协会、舞蹈队或其他锻炼队、协助老弱病残的组织、就业服务中心、老年活动中心、老年协会	将有一项或更多基层社会组织的社区编码为"1"
非农产业的发展水平	JD001.2010年你们村有多少户(家里至少有一个人)在本村从事非农业工作(包括在企业工作、当个体户等)?	从事非农产业的家庭的户数占社区总户数的比重
福利收入项目	JG025.你们村/社区给65岁以上老人发放补助吗?	有相关项目的社区编码为"1"

参 考 文 献

英文部分

[1] Acevedo，G. A.，Ellison，C. G.，& Xu，X.（2014）. Is It Really Religion? Comparing the Main and Stress-buffering Effects of Religious and Secular Civic Engagement on Psychological Distress. *Society and Mental Health*，2156869313520558. doi：10.1177/215686931 3520558

[2] Allen，J.，Balfour，R.，Bell，R.，& Marmot，M.（2014）. Social determinants of mental health. *International Review of Psychiatry*，26(4)，392 – 407. doi：10.3109/09540261.2014.928270

[3] American Psychiatric Association.（2013）. *Diagnostic and statistical manual of mental disorders*. Arlington：American Psychiatric Publishing.

[4] Anda，R. F.，Whitfield，C. L.，Felitti，V. J.，Chapman，D.，Edwards，V. J.，Dube，S. R.，& Williamson，D. F.（2014）. Adverse childhood experiences，alcoholic parents，and later risk of alcoholism and depression. doi：10.1176/appi.ps.53.8.1001

[5] Araya，R.，Dunstan，F.，Playle，R.，Thomas，H.，Palmer，S.，& Lewis，G.（2006）. Perceptions of social capital and the built environment and mental health. *Social Science & Medicine*，62(12)，3072 – 3083. doi：10.1016/j.socscimed.2005.11.037

[6] Armitage，C. J.，& Conner，M.（2000）. Social cognition models and health behaviour：A structured review. *Psychology and Health*，15(2)，

173 - 189. doi:10.1080/08870440008400299

[7] Bandura, A. (2001). Social cognitive theory: An agentic perspective. *Annual Review of Psychology*, 52 (1), 1 - 26. doi: 10.1146/annurev. psych.52.1.1

[8] Barker, D. J. (1997). Maternal nutrition, fetal nutrition, and disease in later life. *Nutrition*, 13(9), 807 - 813. doi:10.1016/S0899 - 9007(97) 00193 - 7

[9] Bartholomew, K., & Horowitz, L. M. (1991). Attachment styles among young adults: a test of a four-category model. *Journal of personality and social psychology*, 61(2), 226. doi:10.1037/0022 - 3514.61.2.226

[10] Bassuk, S. S., Berkman, L. F., & Amick, B. C. (2002). Socioeconomic status and mortality among the elderly: findings from four US communities. *American journal of epidemiology*, 155(6), 520 - 533. doi:10.1093/aje/ 155.6.520

[11] Beard, J. R., & Petitot, C. (2010). Ageing and urbanization: Can cities be designed to foster active ageing. *Public Health Reviews*, 32 (2), 427 - 450.

[12] Bian, F., Logan, J., & Bian, Y. (1998). Intergenerational relations in urban China: Proximity, contact, and help to parents. *Demography*, 35(1), 115 - 124. Retrieved from http://dx.doi.org/10.2307/3004031. doi:10.2307/3004031

[13] Biao, X. (2007). How far are the left—behind left behind? A preliminary study in rural China. *Population*, *Space and Place*, 13(3), 179 - 191. doi:10.1002/psp.437

[14] Björgvinsson, T., Kertz, S. J., Bigda-Peyton, J. S., McCoy, K. L., & Aderka, I. M. (2013). Psychometric Properties of the CES-D-10 in a Psychiatric Sample. *Assessment*, 20(4), 429 - 436.

[15] Black, C., & Ford—Gilboe, M. (2004). Adolescent mothers: resilience, family health work and health—promoting practices. *Journal of advanced nursing*, 48(4), 351 - 360. doi:10.1111/j.1365 -

2648.2004.03204.x

[16] Blazer，D. G. (2003). Depression in late life：review and commentary. *The Journals of Gerontology Series A：Biological Sciences and Medical Sciences*，58(3)，M249 – M265.

[17] Boyle，G. (2005). The role of autonomy in explaining mental ill-health and depression among older people in long-term care settings. *Ageing and Society*，25(05)，731 – 748. doi：10.1017/S0144686X05003703

[18] Bradley，R. H.，& Corwyn，R. F. (2002). Socioeconomic status and child development. *Annual Review of Psychology*，53(1)，371 – 399. doi：10.1146/annurev.psych.53.100901.135233

[19] Bronfenbrenner，U. (2009). *The ecology of human development：Experiments by nature and design：*Harvard university press.

[20] Brown，D. L.，Cromartie，J. B.，& Kulcsar，L. J. (2004). Micropolitan areas and the measurement of American urbanization. *Population Research and Policy Review*，23(4)，399 – 418. doi：10.1023/B：POPU. 0000040044.72272.16

[21] Brown，S. L.，Bulanda，J. R.，& Lee，G. R. (2005). The significance of nonmarital cohabitation：Marital status and mental health benefits among middle-aged and older adults. *The Journals of Gerontology Series B：Psychological Sciences and Social Sciences*，60(1)，S21-S29. doi：10. 1093/geronb/60.1.S21

[22] Butterworth，P.，Gill，S. C.，Rodgers，B.，Anstey，K. J.，Villamil，E.，& Melzer，D. (2006). Retirement and mental health：analysis of the Australian national survey of mental health and well-being. *Social Science & Medicine*，62(5)，1179 – 1191.

[23] Charles，S. T.，Reynolds，C. A.，& Gatz，M. (2001). Age-related differences and change in positive and negative affect over 23 years. *Journal of personality and social psychology*，80(1)，136. doi：10.1037/ 0022 – 3514.80.1.136

[24] Chen，J.，Chen，S.，& Landry，P. F. (2013). Migration，environmental

hazards, and health outcomes in China. *Social Science & Medicine*, 80, 85 – 95.

[25] Chen, X. (1985). The one-child population policy, modernization, and the extended Chinese family. *Journal of Marriage and the Family*, 193 – 202. doi:10.2307/352082

[26] Chen, Y., & Zhou, L.-A. (2007). The long-term health and economic consequences of the 1959 – 1961 famine in China. *Journal of health economics*, 26(4), 659 – 681. doi:10.1016/j.jhealeco.2006.12.006

[27] Cherlin, A. J., Chase-Lansdale, P. L., & McRae, C. (1998). Effects of parental divorce on mental health throughout the life course. *American Sociological Review*, 239 – 249.

[28] Cohen, B. (2004). Urban growth in developing countries: a review of current trends and a caution regarding existing forecasts. *World Development*, 32(1), 23 – 51.

[29] Collishaw, S., Pickles, A., Messer, J., Rutter, M., Shearer, C., & Maughan, B. (2007). Resilience to adult psychopathology following childhood maltreatment: Evidence from a community sample. *Child abuse & neglect*, 31(3), 211 – 229. doi:10.1016/j.chiabu.2007.02.004

[30] Costley, D. (2006). Master planned communities: do they offer a solution to urban sprawl or a vehicle for seclusion of the more affluent consumers in Australia? *Housing, theory and society*, 23(3), 157 – 175.

[31] Couch, C., Leontidou, L., & Petschel-Held, G. (2007). *Urban sprawl in Europe*: Wiley Online Library.

[32] Cutrona, C. E., Wallace, G., & Wesner, K. A. (2006). Neighborhood characteristics and depression an examination of stress processes. *Current directions in psychological science*, 15(4), 188 – 192. doi:10. 1111/j.1467 – 8721.2006.00433.x

[33] Dannefer, D. (2003). Cumulative advantage/disadvantage and the life course: Cross-fertilizing age and social science theory. *The Journals of Gerontology Series B: Psychological Sciences and Social Sciences*, 58(6),

S327 – S337. doi:10.1093/geronb/58.6.S327

[34] Deng, X., Huang, J., Rozelle, S., & Uchida, E. (2008). Growth, population and industrialization, and urban land expansion of China. *Journal of Urban Economics*, 63(1), 96 – 115. doi:10.1016/j.jue.2006.12.006

[35] Di Cesare, M., Khang, Y.-H., Asaria, P., Blakely, T., Cowan, M. J., Farzadfar, F., ... Msyamboza, K. P. (2013). Inequalities in non-communicable diseases and effective responses. *The Lancet*, 381 (9866), 585 – 597. doi:10.1016/S0140 – 6736(12)61851 – 0

[36] DiPrete, T. A., & Eirich, G. M. (2006). Cumulative advantage as a mechanism for inequality: A review of theoretical and empirical developments. *Annual review of sociology*, 32, 271 – 297. doi:10.1146/annurev.soc.32.061604.123127

[37] Djernes, J. (2006). Prevalence and predictors of depression in populations of elderly: a review. *Acta Psychiatrica Scandinavica*, 113 (5), 372 – 387. Retrieved from http://onlinelibrary.wiley.com/store/10.1111/j.1600 – 0447.2006.00770.x/asset/j.1600 – 0447.2006.00770.x.pdf? v = 1&t = i1g3f4bt&s = 19a3f108bf070b94f87d988f12e239ea-aaac2797.

[38] Egede, L. E. (2004). Diabetes, major depression, and functional disability among US adults. *Diabetes care*, 27(2), 421 – 428. doi:10.2337/diacare.27.2.421

[39] Elder Jr, G. H. (1999). *Children of the Great Depression: Social change in life experience*. Boulder: Westview Press.

[40] Evans, G. (2003). The built environment and mental health. *Journal of Urban Health*, 80(4), 536 – 555. Retrieved from http://dx.doi.org/10.1093/jurban/jtg063. doi:10.1093/jurban/jtg063

[41] Fang, H., & Rizzo, J. A. (2012). Does inequality in China affect health differently in high-versus low-income households? *Applied Economics*, 44(9), 1081 – 1090.

[42] Fergusson, D. M., & Horwood, L. J. (2003). Resilience to childhood adversity: Results of a 21-year study. In S. S. Luthar (Ed.), *Resilience and vulnerability: Adaptation in the context of childhood adversities* (pp. 130 – 155). Cambridge: Cambridge University Press.

[43] Ferrari, A. J., Charlson, F. J., Norman, R. E., Patten, S. B., Freedman, G., Murray, C. J., ... Whiteford, H. A. (2013). Burden of depressive disorders by country, sex, age, and year: findings from the global burden of disease study 2010. *PLoS Medicine*, 10(11), e1001547. doi:10.1371/journal.pmed.1001547

[44] Field, A. (2013). *Discovering Statistics using IBM SPSS Statistics*: Sage Publications Ltd.

[45] Fraser, C., Jackson, H., Judd, F., Komiti, A., Robins, G., Murray, G., ... Hodgins, G. (2005). Changing places: the impact of rural restructuring on mental health in Australia. *Health & place*, 11(2), 157 – 171.

[46] Frishman, N. (2012). The contribution of three social psychological theories: Fundamental cause theory, stress process model, and social cognitive theory to the understanding of health disparities—a longitudinal comparison.

[47] Fry, P. S., & Debats, D. L. (2002). Self-efficacy beliefs as predictors of loneliness and psychological distress in older adults. *The International Journal of Aging and Human Development*, 55(3), 233 – 269.

[48] Fryers, T., & Brugha, T. (2013). Childhood determinants of adult psychiatric disorder. *Clinical practice and epidemiology in mental health: CP & EMH*, 9, 1. doi:10.2174/1745017901309010001

[49] Fujisawa, D., Miyashita, M., Nakajima, S., Ito, M., Kato, M., & Kim, Y. (2010). Prevalence and determinants of complicated grief in general population. *Journal of affective disorders*, 127(1), 352 – 358. doi:10.1016/j.jad.2010.06.008

[50] Fultz, N. H., Jenkins, K. R., Østbye, T., Taylor, D. H., Kabeto, M.

U., & Langa, K. M. (2005). The impact of own and spouse's urinary incontinence on depressive symptoms. *Social Science & Medicine*, 60 (11), 2537 – 2548. doi:10.1016/j.socscimed.2004.11.019

[51] Girardet, H. (1996). *The Gaia Atlas of Cities: new directions for sustainable urban living*: UN-HABITAT.

[52] Gong, P., Liang, S., Carlton, E. J., Jiang, Q., Wu, J., Wang, L., & Remais, J. V. (2012). Urbanisation and health in China. *The Lancet*, 379(9818), 843 – 852. doi:10.1016/S0140 – 6736(11)61878 – 3

[53] Gornick, J. C., Munzi, T., Sierminska, E., & Smeeding, T. M. (2009). Income, assets, and poverty: Older women in comparative perspective. *Journal of Women, Politics & Policy*, 30(2 – 3), 272 – 300. doi:10.1080/15544770902901791

[54] Green, J. G., McLaughlin, K. A., Berglund, P. A., Gruber, M. J., Sampson, N. A., Zaslavsky, A. M., & Kessler, R. C. (2010). Childhood adversities and adult psychiatric disorders in the national comorbidity survey replication I: associations with first onset of DSM-IV disorders. *Archives of general psychiatry*, 67(2), 113 – 123. doi:10.1001/archgenpsychiatry.2009.186

[55] Guo, M., Aranda, M. P., & Silverstein, M. (2009). The impact of out-migration on the inter-generational support and psychological wellbeing of older adults in rural China. *Ageing and Society*, 29 (7), 1085.

[56] Guo, X. (2001). Land expropriation and rural conflicts in China. *The China Quarterly*, 166, 422 – 439.

[57] Halpern, D. (2014). *Mental health and the built environment: more than bricks and mortar?*: Routledge.

[58] Hank, K. (2007). Proximity and contacts between older parents and their children: A European comparison. *Journal of Marriage and Family*, 69(1), 157 – 173. doi:10.1111/j.1741 – 3737.2006.00351.x

[59] Hellstrom, K., Lindmark, B., Wahlberg, B., & Fugl-Meyer, A. R.

(2003). Self-efficacy in relation to impairments and activities of daily living disability in elderly patients with stroke: a prospective investigation. *Journal of Rehabilitation Medicine*, 35(5), 202 - 207. doi:10.1080/16501970310000836

[60] Henderson, V. (2002). Urbanization in developing countries. *The World Bank Research Observer*, 17(1), 89 - 112.

[61] Hill, T. D., Ross, C. E., & Angel, R. J. (2005). Neighborhood disorder, psychophysiological distress, and health. *Journal of Health and Social Behavior*, 46 (2), 170 - 186. doi: 10. 1177/002214650504600204

[62] Hooten, W. M., Shi, Y., Gazelka, H. M., & Warner, D. O. (2011). The effects of depression and smoking on pain severity and opioid use in patients with chronic pain. *PAIN* ©, 152(1), 223 - 229. doi:10. 1016/j.pain.2010.10.045

[63] Imai, K. S., Gaiha, R., Ali, A., & Kaicker, N. (2014). Remittances, growth and poverty: New evidence from Asian countries. *Journal of Policy Modeling*, 36(3), 524 - 538. doi:10.1016/j.jpolmod.2014.01.009

[64] Jeste, D. V., Alexopoulos, G. S., Bartels, S. J., Cummings, J. L., Gallo, J. J., Gottlieb, G. L., ... Reynolds, C. F. (1999). Consensus statement on the upcoming crisis in geriatric mental health: research agenda for the next 2 decades. *Arch Gen Psychiatry*, 56(9), 848 - 853.

[65] Jones, P. B., Rantakallio, P., Hartikainen, A.-L., Isohanni, M., & Sipila, P. (1998). Schizophrenia as a long-term outcome of pregnancy, delivery, and perinatal complications: a 28-year follow-up of the 1966 north Finland general population birth cohort. *American Journal of Psychiatry*, 155(3), 355 - 364. doi:10.1176/ajp.155.3.355

[66] Julia Friederike, S., & Ulrich, O. (2013). Does low self-esteem predict depression and anxiety? A meta-analysis of longitudinal studies. *Psychological Bulletin*, 139(1), 213 - 240.

[67] Kawachi, I., & Berkman, L. (2001). Social ties and mental health.

Journal of Urban Health, 78(3), 458 – 467. Retrieved from http://dx. doi.org/10.1093/jurban/78.3.458. doi:10.1093/jurban/78.3.458

[68] Kelly, Y., Sacker, A., Del Bono, E., Francesconi, M., & Marmot, M. (2011). What role for the home learning environment and parenting in reducing the socioeconomic gradient in child development? Findings from the Millennium Cohort Study. *Archives of disease in childhood*, archdischild195917. doi:10.1136/adc.2010.195917

[69] Kendler, K. S., Walters, E. E., Neale, M. C., Kessler, R. C., Heath, A. C., & Eaves, L. J. (1995). The structure of the genetic and environmental risk factors for six major psychiatric disorders in women: Phobia, generalized anxiety disorder, panic disorder, bulimia, major depression, and alcoholism. *Archives of general psychiatry*, 52(5), 374 – 383. doi:10. 1001/archpsyc.1995.03950170048007.

[70] Kersting, A., Brähler, E., Glaesmer, H., & Wagner, B. (2011). Prevalence of complicated grief in a representative population-based sample. *Journal of affective disorders*, 131(1), 339 – 343. doi:10.1016/ j.jad.2010.11.032

[71] Kessler, R. C., Davis, C. G., & Kendler, K. S. (1997). Childhood adversity and adult psychiatric disorder in the US National Comorbidity Survey. *Psychological medicine*, 27(05), 1101 – 1119. doi: 10.1017/S0033291797005588

[72] Kreager, P. (2006). Migration, social structure and old-age support networks: A comparison of three Indonesian communities. *Ageing and Society*, 26(01), 37 – 60. doi:10.1017/S0144686X05004411

[73] Kuhn, R. S. (2005). A longitudinal analysis of health and mortality in a migrant-sending region of Bangladesh. In S. Jatrana, M. Toyota, & B. S. A. Yeoh (Eds.), *Migration and health in Asia* (pp. 177). New York: Routledge.

[74] Leung, J. C. (2006). The emergence of social assistance in China. *International Journal of Social Welfare*, 15(3), 188 – 198. doi:10.1111/

j.1468 – 2397.2006.00434.x

[75] Logan，J. R.，& Bian，F. (1999). Family values and coresidence with married children in urban China. *Social Forces*，77(4)，1253 – 1282. doi：10.2307/3005876

[76] Louis，V. V.，& Zhao，S. (2002). Effects of family structure，family SES，and adulthood experiences on life satisfaction. *Journal of Family Issues*，23(8)，986 – 1005. doi：10.1177/019251302237300

[77] Lund，C.，Breen，A.，Flisher，A. J.，Kakuma，R.，Corrigall，J.，Joska，J. A.，… Patel，V. (2010). Poverty and common mental disorders in low and middle income countries：a systematic review. *Social Science & Medicine*，71(3)，517 – 528. doi：10.1016/j.socscimed. 2010.04.027

[78] Luo，Y.，& Waite，L. J. (2005). The impact of childhood and adult SES on physical，mental，and cognitive well-being in later life. *The Journals of Gerontology Series B：Psychological Sciences and Social Sciences*，60(2)，S93 – S101.

[79] Luppa，M.，Sikorski，C.，Luck，T.，Ehreke，L.，Konnopka，A.，Wiese，B.，… Riedel-Heller，S. (2012). Age-and gender-specific prevalence of depression in latest-life—systematic review and meta-analysis. *Journal of affective disorders*，136(3)，212 – 221.

[80] Marsella，A. J. (1998). Urbanization，mental health，and social deviancy：A review of issues and research. *American Psychologist*，53(6)，624. doi：10.1037/0003 – 066X.53.6.624

[81] Marshall，V. W. (2009). Theory informing public policy：The life course perspective as a policy tool. In V. L. Bengtson，D. Gans，N. Putney，& M. Silverstein (Eds.)，*Handbook of theories of aging* (pp. 573 – 593). New York：Springer.

[82] Martin，P.，& Martin，M. (2002). Proximal and distal influences on development：The model of developmental adaptation. *Developmental Review*，22(1)，78 – 96.

［83］Martinez, C., Rietbrock, S., Wise, L., Ashby, D., Chick, J., Moseley, J., ... Gunnell, D. (2005). Antidepressant treatment and the risk of fatal and non-fatal self harm in first episode depression: nested case-control study. *Bmj*, 330(7488), 389. doi: 10. 1136/bmj. 330. 7488.389

［84］Mcmartin, S. E., Jacka, F. N., & Colman, I. (2013). The association between fruit and vegetable consumption and mental health disorders: Evidence from five waves of a national survey of Canadians. *Preventive medicine*, 56(3-4), 225-230.

［85］Mickus, M., Colenda, C. C., & Hogan, A. J. (2014). Knowledge of mental health benefits and preferences for type of mental health providers among the general public. doi:10.1176/appi.ps.51.2.199

［86］Moomaw, R. L., & Shatter, A. M. (1996). Urbanization and economic development: a bias toward large cities? *Journal of Urban Economics*, 40(1), 13-37. doi:10.1006/juec.1996.0021

［87］Moon, T. W., & Hur, W.-M. (2011). Emotional intelligence, emotional exhaustion, and job performance. *Social Behavior and Personality: an international journal*, 39(8), 1087-1096. doi: 10. 2224/sbp.2011.39.8.1087

［88］Mulder, R. T. (2002). Personality pathology and treatment outcome in major depression: a review. *Am J Psychiatry*, 159(3), 359-371.

［89］Musselman, D. L., Evans, D. L., & Nemeroff, C. B. (1998). The relationship of depression to cardiovascular disease: epidemiology, biology, and treatment. *Archives of general psychiatry*, 55(7), 580-592. doi:10.1001/archpsyc.55.7.580.

［90］Northridge, M., Sclar, E., & Biswas, P. (2003). Sorting out the connections between the built environment and health: A conceptual framework for navigating pathways and planning healthy cities. *Journal of Urban Health*, 80(4), 556-568. Retrieved from http://dx. doi.org/10.1093/jurban/jtg064. doi:10.1093/jurban/jtg064

［91］ Nunes，E. V.，& Levin，F. R. (2004). Treatment of depression in patients with alcohol or other drug dependence: a meta-analysis. *Jama*，291(15)，1887 - 1896. doi:10.1001/jama.291.15.1887.

［92］ Ou，M.-h.，Li，W.-y.，Liu，X.-n.，& Chen，M. (2004). Comprehensive measurement of district's urbanization level: a case study of Jiangsu Province. *Resources and Environment in the Yangtze Basin*，13(5)，407 - 412.

［93］ Painter，R. C.，De Rooij，S. R.，Bossuyt，P. M.，Osmond，C.，Barker，D. J.，Bleker，O. P.，& Roseboom，T. J. (2006). A possible link between prenatal exposure to famine and breast cancer: a preliminary study. *American journal of human biology*，18(6)，853 - 856. doi:10.1002/ajhb.20564

［94］ Painter，R. C.，Roseboom，T. J.，& Bleker，O. P. (2005). Prenatal exposure to the Dutch famine and disease in later life: an overview. *Reproductive toxicology*，20(3)，345 - 352. doi:10.1016/j.reprotox.2005.04.005

［95］ Pearlin，L. I.，Menaghan，E. G.，Lieberman，M. A.，& Mullan，J. T. (1981). The stress process. *Journal of Health and Social behavior*，337 - 356.

［96］ Phelan，J. C.，Link，B. G.，Diez-Roux，A.，Kawachi，I.，& Levin，B. (2004). "Fundamental causes" of social inequalities in mortality: a test of the theory. *Journal of health and social behavior*，45(3)，265 - 285. doi:10.1177/002214650404500303

［97］ Phelan，J. C.，Link，B. G.，& Tehranifar，P. (2010). Social conditions as fundamental causes of health inequalities theory，evidence，and policy implications. *Journal of health and social behavior*，51(1 suppl)，S28 - S40. doi:10.1177/0022146510383498

［98］ Phillips，M. R.，Zhang，J.，Shi，Q.，Song，Z.，Ding，Z.，Pang，S.，... Wang，Z. (2009). Prevalence，treatment，and associated disability of mental disorders in four provinces in China during 2001 - 05: an epidemiological survey. *The Lancet*, 373(9680), 2041 – 2053. doi:10. 1016/S0140 – 6736(09)60660 – 7

[99] Piccinelli, M., & Wilkinson, G. (2000). Gender differences in depression Critical review. *The British Journal of Psychiatry*, 177(6), 486 – 492. doi:10.1192/bjp.177.6.486

[100] Pinquart, M., & Sörensen, S. (2003). Differences between caregivers and noncaregivers in psychological health and physical health: a meta-analysis. *Psychology and aging*, 18(2), 250. doi:10.1037/0882 – 7974.18.2.250

[101] Pirkola, S., Sund, R., Sailas, E., & Wahlbeck, K. (2009). Community mental-health services and suicide rate in Finland: a nationwide small-area analysis. *The Lancet*, 373(9658), 147 – 153. doi:10.1016/S0140 – 6736(08)61848 – 6

[102] Poon, C. Y. M. (2013). Meeting the mental health needs of older adults using the attachment perspective. In A. N. Danquah & K. Berry (Eds.), *Attachment Theory in Adult Mental Health: A Guide to Clinical Practice* (pp. 183 – 196). New York: Routledge.

[103] Poon, L. W., Clayton, G. M., Martin, P., Johnson, M. A., Courtenay, B. C., Sweaney, A. L., ... Thielman, S. B. (1992). The Georgia centenarian study. *The International Journal of Aging and Human Development*, 34(1), 1 – 17.

[104] Quijano, L. M., Stanley, M. A., Petersen, N. J., Casado, B. L., Steinberg, E. H., Cully, J. A., & Wilson, N. L. (2007). Healthy IDEAS A Depression Intervention Delivered by Community-Based Case Managers Serving Older Adults. *Journal of Applied Gerontology*, 26(2), 139 – 156.

[105] Quinn, A. (2008). Healthy aging in cities. *Journal of urban health*, 85(2), 151 – 153.

[106] Raffaelli, M., Andrade, F. C., Wiley, A. R., Sanchez—Armass, O., Edwards, L. L., & Aradillas—Garcia, C. (2013). Stress, Social

Support, and Depression: A Test of the Stress—Buffering Hypothesis in a Mexican Sample. *Journal of Research on Adolescence*, 23 (2), 283 –289. doi:10.1111/jora.12006

[107] Reddy, M. (2010). Depression: the disorder and the burden. *Indian journal of psychological medicine*, 32 (1), 1. doi: 10.4103/0253 – 7176.70510

[108] Repetti, R. L., Taylor, S. E., & Seeman, T. E. (2002). Risky families: family social environments and the mental and physical health of offspring. *Psychological Bulletin*, 128(2), 330. doi:10.1037/ 0033 – 2909.128.2.330

[109] Robert, S. A. (1999). Socioeconomic position and health: the independent contribution of community socioeconomic context. *Annual Review of Sociology*, 489 – 516.

[110] Sander, J., & McCarty, C. (2005). Youth Depression in the Family Context: Familial Risk Factors and Models of Treatment. *Clinical Child and Family Psychology Review*, 8(3), 203 – 219. Retrieved from http://dx.doi.org/10.1007/s10567 – 005 – 6666 – 3. doi: 10.1007/ s10567 – 005 – 6666 – 3

[111] Saxena, S., Thornicroft, G., Knapp, M., & Whiteford, H. (2007). Resources for mental health: scarcity, inequity, and inefficiency. *The Lancet*, 370(9590), 878 – 889. doi:10.1016/S0140 – 6736(07) 61239 – 2

[112] Scarpaci, J. L. (2000). On the transformation of socialist cities. *Urban geography*, 21(8), 659 – 669.

[113] Shields, M. A., Price, S. W., & Wooden, M. (2009). Life satisfaction and the economic and social characteristics of neighbourhoods. *Journal of Population Economics*, 22(2), 421 – 443. doi:10.1007/ s00148 – 007 – 0146 – 7

[114] Song, S., Wang, W., & Hu, P. (2009). Famine, death, and madness: schizophrenia in early adulthood after prenatal exposure to the

Chinese Great Leap Forward Famine. *Social Science & Medicine*，68(7)，1315－1321. doi：10.1016/j.socscimed.2009.01.027

[115] Sonnenberg，C. M.，Beekman，A. T.，Deeg，D. J.，& Tilburg，W. v. (2000). Sex differences in late—life depression. *Acta Psychiatrica Scandinavica*，101(4)，286－292. doi：10.1034/j.1600－0447.2000. 101004286.x

[116] Spataro，J.，Mullen，P. E.，Burgess，P. M.，Wells，D. L.，& Moss，S. A. (2004). Impact of child sexual abuse on mental health Prospective study in males and females. *The British Journal of Psychiatry*，184 (5)，416－421.

[117] Stice，E.，& Shaw，H. (2004). Eating disorder prevention programs：a meta-analytic review. *Psychological Bulletin*，130(2)，206. doi：10. 1037/0033－2909.130.2.206

[118] Sturm，R.，& Cohen，D. A. (2004). Suburban sprawl and physical and mental health. *Public health*，118(7)，488－496.

[119] Sugiyama，T.，Leslie，E.，Giles-Corti，B.，& Owen，N. (2008). Associations of neighbourhood greenness with physical and mental health：do walking，social coherence and local social interaction explain the relationships? *Journal of epidemiology and community health*，62(5)，e9－e9.

[120] Timberlake，M.，& Kentor，J. (1983). Economic dependence，overurbanization，and economic growth：a study of less developed countries. *Sociological Quarterly*，24(4)，489－507.

[121] Topa，G.，Moriano，J. A.，Depolo，M.，Alcover，C.-M.，& Morales，J. F. (2009). Antecedents and consequences of retirement planning and decision-making：A meta-analysis and model. *Journal of Vocational Behavior*，75(1)，38－55. doi：10.1016/j.jvb.2009.03.002

[122] Turley，R.，Saith，R.，Bhan，N.，Rehfuess，E.，& Carter，B. (2013). Slum upgrading strategies involving physical environment and infrastructure interventions and their effects on health and socio—

economic outcomes. *The Cochrane Library*. doi：10.1002/14651858.
CD010067.pub2

[123] Turner，R. J. (2010). Understanding health disparities：The promise
of the stress process model. In W. Avison，C. S. Aneshensel，S.
Schieman，& B. Wheaton (Eds.)，*Advances in the Conceptualization
of the Stress Process* (pp. 3 – 21). New York：Springer.

[124] Van de Poel，E.，O'Donnell，O.，& Van Doorslaer，E. (2012). Is
there a health penalty of China's rapid urbanization? *Health
economics*，21(4)，367 – 385. doi：10.1002/hec.1717

[125] Wainwright，N.，& Surtees，P. (2002). Childhood adversity，gender
and depression over the life-course. *Journal of affective disorders*，72
(1)，33 – 44. doi：10.1016/S0165 – 0327(01)00420 – 7

[126] Wang，F.-L. (2005). *Organizing through Division and Exclusion：
China's Hukou System*. Stanford：Stanford University Press.

[127] Wells，K.，Miranda，J.，Bruce，M. L.，Alegria，M.，& Wallerstein，
N. (2004). Bridging community intervention and mental health
services research. *American Journal of Psychiatry*，161(6)，955 – 963.
doi：10.1176/appi.ajp.161.6.955

[128] Werner，E. E.，& Smith，R. S. (2001). *Journeys from childhood to
midlife：Risk，resilience，and recovery*：Cornell University Press.

[129] Wilson，L. B. (2006). *Civic engagement and the baby boomer
generation：Research，policy，and practice perspectives*. London：
Psychology Press.

[130] Wilson，S. (2002). Face，norms，and instrumentality. In T. Gold，D.
Guthrie，& D. Wank (Eds.)，*Social Connections in China* (pp. 163 –
178). Cambridge：Cambridge University Press.

[131] Wong，K.，Fu，D.，Li，C. Y.，& Song，H. X. (2007). Rural migrant
workers in urban China：living a marginalised life. *International
Journal of Social Welfare*，16(1)，32 – 40. doi：10.1111/j.1468 – 2397.
2007.00475.x

[132] World Health Organization. (2012). *Mental Health Atlas* – 2011. Retrieved from Geneva：

[133] World Health Organization and Calouste Gulbenkian Foundation. (2014). *Social determinants of mental health*. Retrieved from Geneva：

[134] WTO. (2007). *Global age-friendly cities：A guide*：World Health Organization.

[135] Yang，L. H.，& Kleinman，A. (2008). 'Face'and the embodiment of stigma in China：The cases of schizophrenia and AIDS. *Social Science & Medicine*，67(3)，398 – 408. doi:10.1016/j.socscimed.2008.03.011

[136] Yanos, P. T. (2007). Beyond "Landscapes of Despair"：the need for new research on the urban environment，sprawl，and the community integration of persons with severe mental illness. *Health & place*，13(3)，672 – 676.

[137] Ye，M.，& Chen，Y. (2014). The influence of domestic living arrangement and neighborhood identity on mental health among urban Chinese elders. *Aging & mental health*，18(1)，40 – 50. doi:10.1080/13607863.2013.837142

[138] Yeatts，D. E.，Pei，X.，Cready，C. M.，Shen，Y.，Luo，H.，& Tan，J. (2013). Village characteristics and health of rural Chinese older adults：Examining the CHARLS Pilot Study of a rich and poor province. *Social Science & Medicine*，98，71 – 78.

[139] Zeng，Y. (1986). Changes in family structure in China：A simulation study. *Population and Development Review*，675 – 703. doi: 10.2307/1973431

[140] Zeng，Z.，& Xie，Y. (2014). The Effects of Grandparents on Children's Schooling：Evidence From Rural China. *Demography*，51(2)，599 – 617. Retrieved from http://dx.doi.org/10.1007/s13524 – 013 – 0275 – 4. doi:10.1007/s13524 – 013 – 0275 – 4

[141] Zhan，H. J. (2004). Willingness and expectations：Intergenerational

differences in attitudes toward filial responsibility in China. *Marriage & Family Review*, 36(1 – 2), 175 – 200. doi:10.1300/J002v36n01_08

[142] Zhang, L. (2008). Conceptualizing China's urbanization under reforms. *Habitat International*, 32(4), 452 – 470. doi:10.1016/j.habitatint.2008.01.001

[143] Zhang, L., Wang, H., Wang, L., & Hsiao, W. (2006). Social capital and farmer's willingness-to-join a newly established community-based health insurance in rural China. *Health Policy*, 76(2), 233 – 242. doi:10.1016/j.healthpol.2005.06.001

[144] Zhao, Y., Strauss, J., Yang, G., Giles, J., Hu, P. P., Hu, Y., ... Wang, Y. (2013). China Health and Retirement Longitudinal Study—2011 – 2012 National Baseline Users' Guide Retrieved from http://charls. ccer. edu. cn/uploads/document/2011-charls-wave1/application/CHARLS_users__guide_ofnationalbaseline_survey-js-yz-Lei_wang-js_ys_js-ys-zhao_ys_20130407.pdf

[145] Zhou, X. (1993). Unorganized interests and collective action in communist China. *American Sociological Review*, 54 – 73.

[146] Zhou, Y., & Ma, L. J. (2003). China's urbanization levels: reconstructing a baseline from the fifth population census. *The China Quarterly*, 173, 176 – 196. doi:10.1017/S000944390300010X

[147] Zhu, Y.-G., Ioannidis, J. P., Li, H., Jones, K. C., & Martin, F. L. (2011). Understanding and harnessing the health effects of rapid urbanization in China. *Environmental science & technology*, 45(12), 5099 – 5104. doi:10.1021/es2004254

[148] Zimmer, Z., & Kwong, J. (2004). Socioeconomic status and health among older adults in rural and urban China. *Journal of Aging and Health*, 16(1), 44 – 70. doi:10.1177/0898264303260440

[149] Zimmerman, F. J., & Katon, W. (2005). Socioeconomic status, depression disparities, and financial strain: what lies behind the income—depression relationship? *Health economics*, 14(12), 1197 –

1215. doi:10.1002/hec.1011

[150] Zunzunegui, M. V., Beland, F., & Otero, A. (2001). Support from children, living arrangements, self-rated health and depressive symptoms of older people in Spain. *International Journal of Epidemiology*, 30(5), 1090 – 1099. doi:10.1093/ije/30.5.1090

[151] Yang, F., Ran, M., Luo, W. (2019). Depression of persons with dementia and family caregiver burden: finding positives in caregiving as a moderator. Geriatrics & Gerontology International, 19(5), 414 – 418. (IF: 2.656). DOI: 10.1111/ggi.13632

[152] Yang, F., Lou, V. W. Q. (2017). Community restructuring and depressive symptoms of rural mature and elderly adults: A multilevel analysis based on a national dataset in China. Community Mental Health Journal, 53(1), pp.34 – 38. (IF: 1.159). DOI: 10.1007/s10597 – 016 – 0020 – 8.

[153] Yang, F., Lou, V. W. Q. (2016). Childhood adversities, urbanization, and depressive symptoms among middle-aged and older adults: evidence from a national survey in China. Ageing & Society, 36(5), pp.1031 – 1051. (IF: 1.620). DOI: 10.1017/S0144686X15000239.

中文部分

[1] 陈凤桂, 张虹鸥, 吴旗韬, 陈伟莲. 我国人口城镇化与土地城镇化协调发展研究. 人文地理. 2010(5):53 – 58.

[2] 陈功, 黄国桂. 时间银行的本土化发展、实践与创新——兼论积极应对中国人口老龄化之新思路[J]. 北京大学学报(哲学社会科学版), 2017, 54(06):111 – 120.

[3] 陈贺龙, 胡斌, 陈宪生, 邹国华, 卢小勇, 周平良, 涂远亮, 魏波, 余雪虎, 李侃, 邹圣军, 李正春, 吴书华, 匡奕华, 刘平, 刘增裕, 陈点火, 刘快发, 周国治, 李春芳, 朱安雄. 2002 年江西省精神疾病患病率调查[J]. 中华精神科杂志, 2004(03):52 – 55.

[4] 陈友华, 施旖旎. 时间银行: 缘起、问题与前景[J]. 人文杂志, 2015(12):

111 - 118.

[5] 杜江,赵敏,谢斌.精神障碍与物质滥用的共病[J].国际精神病学杂志,2006 (02):96 - 99.

[6] 杜鹏,丁志宏,李全棉,桂江丰.农村子女外出务工对留守老人的影响[J].人 口研究,2004(06):44 - 52.

[7] 段雪翠.城镇化进程中的征地问题研究[D].北京:中国地质大学(北 京),2018.

[8] 方静文,张军,孙薇薇(2016).幸福守门人——中国农村老年人精神健康促 进模式探索.

[9] 冯克曼,王佳宁,于静.认知情绪调节和领悟社会支持在大学生情绪表达冲 突与抑郁间的作用[J].中国临床心理学杂志,2018,26(02):391 - 395.

[10] 高敏,李延宇.不同婚姻状况老年人心理抑郁程度的影响因素分析与差异 分解[J].老龄科学研究,2016,4(02):31 - 40.

[11] 国家统计局.(2001).第五次人口普查结果公报.下载自:http://www. stats.gov.cn/tjsj/tjgb/rkpcgb/qgrkpcgb/200203/t20020331_30314.html.

[12] 国家统计局.(2010).第六次人口普查结果公报.下载自:http://www. stats.gov.cn/tjsj/tjgb/rkpcgb/qgrkpcgb/201104/t20110428_30327.html.

[13] 国务院.(2014).国家新型城镇化规划(2014 - 2020).下载自:http:// news.xinhuanet.com/city/2014 - 03/17/c_126276532.htm.

[14] 胡宓.社会联系、社会支持与农村老年人情绪问题相关研究[D].长沙:中 南大学,2012.

[15] 胡季明,李真,陈贻华,周湘梅,马宇行,黄海峰,严惠然,王向林,关莲英, 王文波.广东中山市精神疾病流行病学调查[J].中国神经精神疾病杂志, 2002(06):456 - 458.

[16] 黄悦勤.我国精神障碍流行病学研究现状[J].中国预防医学杂志,2008 (05):445 - 446.

[17] 黄征学.我国城镇化进程中的土地制度变迁[J].宏观经济管理,2018(11): 33 - 42.

[18] 孔凡磊,艾斌,王硕,杨素雯,星旦二.城市老年人的社会经济地位、精神健 康与长期照护需求之关系研究——以中国吉林省延吉市为例[J].延边教

育学院学报,2014,28(01):24 - 28.

[19] 李慧,葛扬.中国城市化质量的测度与比较——基于 227 个城市的全局主成分分析[J].河北地质大学学报,2018,41(05):84 - 90.

[20] 李建新,夏翠翠.社会经济地位对健康的影响:"收敛"还是"发散"——基于 CFPS2012 年调查数据[J].人口与经济,2014(05):42 - 50.

[21] 梁挺,张小远,王喆.自杀"守门人"培训研究述评[J].心理科学进展,2012,20(08):1287 - 1295.

[22] 林勇强,张献共,赵虎,陈平周,庄希航,赵丹青,陈静芳,王妙君,郭沈亮,朱少毅,罗开林.汕头市精神疾病流行病学调查[J].中华精神科杂志,1998(02):63.

[23] 刘广天.童年期家庭不良经历与成人期精神障碍关联的病例对照研究[D].银川:宁夏医科大学,2017.

[24] 刘妮娜.互助与合作:中国农村互助型社会养老模式研究[J].人口研究,2017,41(04):72 - 81.

[25] 刘燕.制度化养老、家庭功能与代际反哺危机[D].上海:华东理工大学,2014.

[26] 刘阳洋.农村自杀遗族的悲伤辅导与自杀干预研究[D].大连:大连医科大学,2014.

[27] 那万秋,陈海支,李建华,陈科,薛亮,陈丽娟.老年期抑郁症患者认知功能及日常生活能力的相关研究[J].中国现代医生,2019(03):61 - 63.

[28] 彭薇.儿童期创伤经历对中国人抑郁易感人格的影响:早期适应不良图式的中介效应研究[D].武汉:华中师范大学,2017.

[29] 宋继中.肠易激综合征合并抑郁症状患者炎症反应机制[D].济南:山东大学,2018.

[30] 孙涛,王素素,梁超.一碗汤的距离:代际养老中合意居住安排的实证分析[J].中国经济问题,2018(04):62 - 75.

[31] 孙文中,刁鹏飞.生命历程与累积劣势:农村老年贫困人口的健康风险研究[J].学术探索,2018(12):62 - 68.

[32] 孙子科技木,雷铖,张宝露,陈卓园园,鞠梅.泸州市老年人的社会支持与抑郁发生的相关性[J].中国老年学杂志,2019,39(04):933 - 935.

[33] 王楚捷.家庭暴力对儿童行为影响相关问题研究[J].湖北省社会主义学院学报,2018(06):88-91.

[34] 王春光.新生代农村流动人口的社会认同与城乡融合的关系[J].社会学研究,2001(03):63-76.

[35] 王梅,杨开仁,金庞.认知行为治疗对抑郁症患者疾病认知、心理健康水平及应对方式的影响[J].中国现代医生,2019,57(01):83-86.

[36] 王辉.社区老年人社会资本测量指标的研究[D].合肥:安徽医科大学,2013.

[37] 王娜.农村征地中失地农民的社会剥夺研究:原理与案例[D].重庆:重庆大学,2017.

[38] 王昭茜,翟绍果.老年人精神健康的需求意愿、影响因素及社会支持研究[J].西北人口,2018,39(05):103-111.

[39] 王晓亚,孙世芳,许月明.农村居家养老服务的SWOT分析及其发展战略选择[J].河北学刊,2014,34(02):94-97.

[40] 魏利娇,李晨阳,曹玉迪,胡悦,刘珂嘉,刘彦慧,张春梅.农村留守老人生命质量[J].中国老年学杂志,2019,39(01):230-233.

[41] 吴萍,张先庚,王红艳,谢汶倚.成都市养老机构老人抑郁现状与对策[J].中国老年学杂志,2018,38(21):5322-5325.

[42] 许琪.居住安排对中国老年人精神抑郁程度的影响——基于CHARLS追踪调查数据的实证研究[J].社会学评论,2018,6(04):47-63.

[43] 乐章,刘二鹏.家庭禀赋、社会福利与农村老年贫困研究[J].农业经济问题,2016,37(08):63-73.

[44] 郁俊昌.广州地区城乡居民精神疾病流行病学调查[D].广州:广州医学院,2010.

[45] 赵庆玲.农村留守高血压患者知晓率、治疗率、达标率及危险因素的调查分析[J].泰山医学院学报,2016,37(12):1453.

[46] 张红霞,江立华.农民工市民化与城镇化进程的共生与错位[J/OL].华南农业大学学报(社会科学版),2019(01):1-9.

[47] 张丽瑶,王忠军.退休规划的研究现状和本土化发展[J/OL].心理科学进展:1-17[2019-02-23].

[48] 张文超,杨华磊.我国时间银行互助养老模式的发展与启示[J/OL].南方金融:1-11[2019-05-07].

[49] 张小宁,陈爽,孟坤,林玫秀.儿童期社会经济地位与中老年健康关系的研究[J/OL].中国全科医学:1-6[2019-02-26].

[50] 张泽皓.子女外出务工对留守父母身心健康的影响[D].北京:首都经济贸易大学,2018.

[51] 郑莉,李鹏辉.社会资本视角下农村留守老人精神健康的影响因素分析——基于四川的实证研究[J].农村经济,2018(07):114-120.

[52] 郑玮.优势视角下农村留守老人养老困境及对策研究[J].改革与开放,2018(07):101-102.

[53] 仲亚琴.儿童期社会经济地位与中老年健康状况的关系研究[D].济南:山东大学,2014.

[54] 杨帆.社区重构与农村留守老人的抑郁症状:基于CHARLS截面数据的分析[J].实证社会科学,2017(4):49-62.

[55] 杨帆.中国健康与养老追踪调查数据库介绍[J].实证社会科学,2017(3):49-62.

[56] 杨帆,曹艳春.基于社会交换理论的我国时间银行养老服务模式影响因素分析[J].东北大学学报(社会科学版),2019,21(4),381-387.

索　引